ネコさんものがたり

The Tale of Neko・san

まつぼっくり

海鳥社

はじめに

この本には１匹のネコさんが住んでいます。
スクスク、のびのび元気に暮らすネコさん。
超マイペースなネコさんの行動に、時々ニンゲンは
ハラハラドキドキ・・・・・。
そしていつも笑顔になるのです。
ユルいだけじゃないネコさんの不思議なパワー。
ネコさんの小さな体には目には見えない秘密がかく
されているのかもしれません。

ネコさんです

ネコさんプロフィール

しっぽがまがっている
目はブルー（水色♡）

あまえんぼ
ケガをしたりすると弱気になり
ニンゲンにくっついている…。

しっぽが弱点!?
フー〜
しっぽにいろんなモノを
ひっかけて怒るネコさん。

［略歴］
福岡生まれ
両親はアメリカンショートヘアとシャム

［性格］
さびしがりやのあまえんぼう
時々あばれんぼう
負けず嫌いで気が強く、几帳面
好奇心と探究心に満ちあふれている
のびのびマイペース

［趣味］
お散歩と探検

ネコさんはチャレンジャー

ネコさんは箱を見つけると・・・・・

それがどんなにムリそうでも
根性で中に入ってきます。

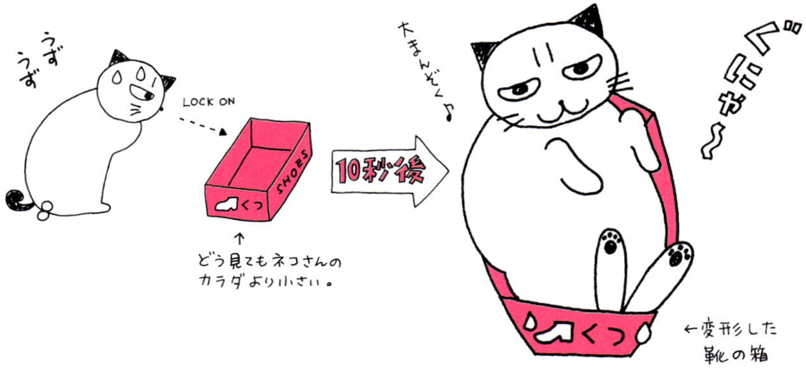
うずうず
LOCK ON
SHOES
くつ
10秒後
どう見てもネコさんのカラダより小さい。
大まんぞく♪
ぐにゃ〜
くつ
←変形した靴の箱

お風呂好きなネコさん

ネコさんはお風呂が大好き。
とくにバスタブの中で暖まるのが
気持ちいいらしい・・・。

お風呂についてきて
自分からバスタブに入ってくることも・・・
ベビーシャンプー
ブィ〜ン
ピュ〜
しかし ドライヤーは大の苦手。
必死で逃げまわるネコさん・・・。
スリスリ
スリスリ
夢中→
背中は、砂まみれ・・・。

お風呂に入ってふわふわの毛になった翌日にかぎっていいお天気になり、ネコさんはお散歩に出ると道ばたで背中をスリスリさせちゃうのです・・・。

ネコさんの声

ネコさんはどちらかというと無口。
普段は「ニャ〜」より、歩きながら「ブルルルル」
という声を出すことの方が多いのです。

名前を呼ぶと「アーン」と
ふつうの声にもどる。

時々、玄関などで「ンゴゴゴゴ〜」
とかん高い雄叫びのような声を上げ
ることのあるネコさん。
遠吠え？

“ゴロゴロ”の音はひかえ目

ネコさんは、体をナデナデしてもらうのが大好き。
ナデナデしてもらうと、うっとりと気持ちよさそう。
しかし、ネコさん特有の“ゴロゴロ”は、とても小さな音。
体に耳を当てないと聞こえません。

ネコさんの好きな
ナデナデポイント

ポイント1
← 額《ひたい》のもよう部分と
その周辺。

ポイント2 ↗
ノドの下

ネコさんの苦手なもの

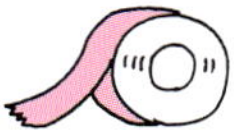
ガムテープのような
粘着物。

← 額《ひたい》に貼るとかたまる。

ブンブン
← 手に軽く貼ると
手をブンブン激しく振って
取りはらおうとする。

マタタビに強いネコさん

ネコさんは、マタタビにあまり酔いません。マタタビの粉を夢中でペロペロなめるのですが、けっして体が、酔っぱらってフニャフニャになることはないのです。

スリスリ
フニャ
フニャ
ふつうだと
こうなりそうですが…

ペロペロ
ペロペロ
マタタビ
ネコさんつめとぎ

とっとどこかへ
行ってしまうネコさん…
ごちそうさん
ネコさんつめとぎ

もくじ

ネコさんの水へのこだわり

ネコさんは、飲み水にちょっとこだわりがあります。どうぞ、と用意された水よりも偶然見つけた“水飲み場”をこよなく愛するネコさんなのです。

← 出しっぱなしにした水をおいしそうに飲むネコさん

洗面台の流し水

洗面台を使っていると
必ずネコさんはやってきます。
ネコさんも新鮮な水がわかるのでしょうか…。

秋

冬

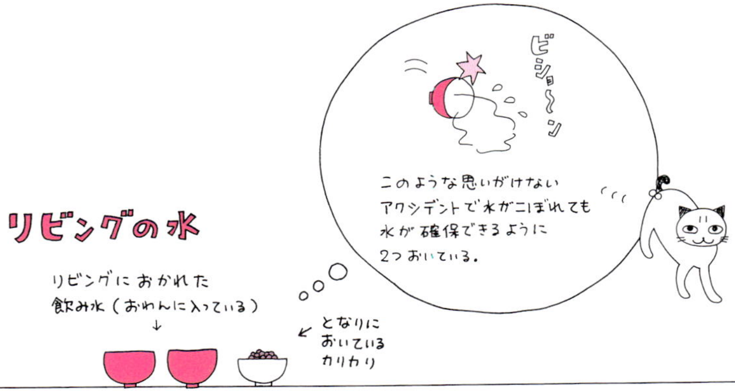

リビングの水
リビングにおかれた
飲み水（おわんに入っている）
となりに
おいている
カリカリ
ビショ〜ン
このような思いがけない
アクシデントで水がこぼれても
水が確保できるように
2つおいている。

玄関の水

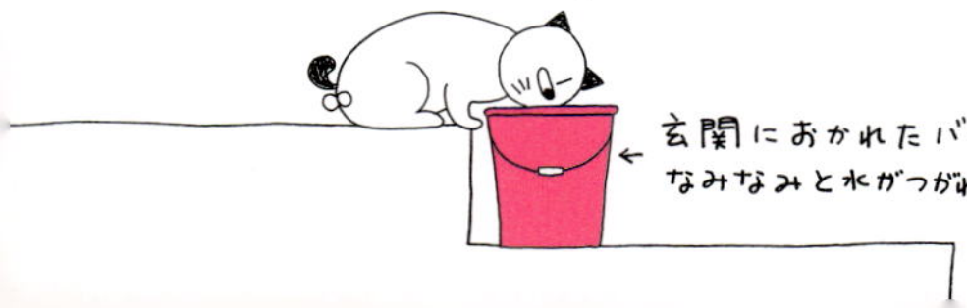
…ペロペロ
玄関におかれたバケツ。
なみなみと水がつがれている。

春

Spring

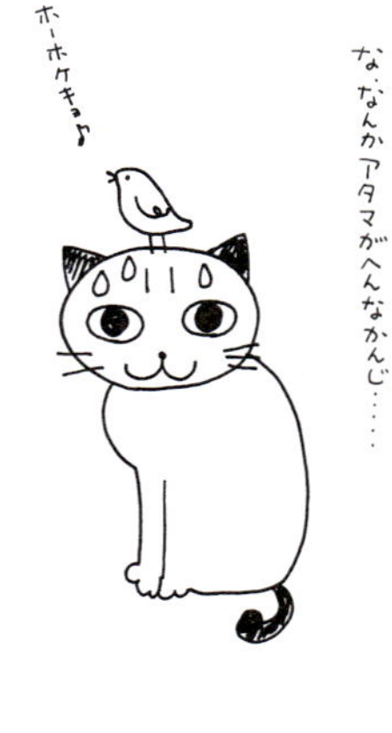
ホーホケキョ♪
な、なんかアタマがへんなかんじ……

【3月のある日】

雨の日のネコさん

1歳の頃、尿路結石*になったことがあるネコさん。

病気はすぐに完治したのですが、その時、つまった尿管をスムーズにするため、ニンゲンの洋式トイレの端っこに立たせて、膀胱をやさしくぎゅ〜っとしぼってオ★ッコをさせていたことがあるのです。

それがいつの間にか習慣になって、毎日ニンゲン用のトイレで朝のオ★ッコをするようになりました。

しかし、こちらがちょっとでも寝坊をすると、ネコさん用のトイレがあるにもかかわらず、まるでいやがらせのように玄関や窓ガラスなど、外部との境界部分にオ★ッコをかけるのです。
(おそらく、外のネコさんとの縄張り争いをしているのだと思われます)

トイレでキバッても
何も出ない……。

*尿路結石
尿路に石ができる病気で、ひどい場合には尿管を完全にふさいでしまい、尿が出なくなってしまう。
すぐ動物病院へ行きましょう。

「!?」

出かけようと靴を履いた瞬間、冷たい液体が！

「うっわぁ〜、かんべんしてよぉ〜」

たまに玄関のタイルの上に靴などを出しっぱなしにしていると、その中がオ★ッコの標的になることも。特にブーツは被害に遭う確率が高いのです。

「ちゃんと靴箱にしまってないからって、おしおきかよ〜。ネコさ〜ん」

ネコさんはニンゲンの躾《しつけ》に厳しいのでしょうか。

よく考えてみると朝のオ★ッコは、いつもだいたい同じ時間にしているようなのです。

朝のオ★ッコタイムからもわかるように、ネコさんの１日はなんだかとっても規則正しそう。

お天気や季節などで多少変わるとしても、こりゃ、調べてみる価値あり、です。

というわけで、１日ネコさんに密着してみました。

8：00am

観察開始。

今日は雨、ちょっと肌寒いお天気。

ネコさんは、この時期の寝場所であるリビングルームの床にたたんで敷かれているふかふかのブランケットの上で目を覚ましました。

「・・・・・・・」
目は半開き、リラックスしているところを抱えてトイレへ。
ネコさんはいつものように遠い目をしながら朝のオ★ッコ。

「(ガサッガサッガサッ・・・・・　)」
(段ボール製の爪とぎで爪を必死の形相でといでいます。
爪とぎが破壊されるほどの勢いです。)

「(ぴちゃぴちゃぴちゃ・・・・・)」
朝の水分補給、水を飲んでいます。

「(カリカリカリカリ・・・・・)」
出しっぱなしにしてあるカリカリで朝食。

ネコさんは、階段をゆっくりと上がり、2階の窓の横に座って遠くを見ています。

9：00am

「（トントントントントン・・・・・）」

ネコさんは2階から軽やかに下りてきました。

そして玄関に座ります。

玄関に座る ＝《イコール》 ネコさんの“お散歩に行きたい”

ポーズなのです。

しかし、外は雨、しかも寒っ。

「ネコさん、今日は雨だから、お散歩はできないよ」

0：00pm

「ふぁ～」

ネコさんは大あくび。

ちょっと眠そう、目がしょぼしょぼしてきました。

1：30pm

水を飲んで、トイレで大きい方を出し、

再び玄関へ。 お散歩への野望は健在。

3：00pm

ついに就寝。

両手足を前に投げ出して全身ユルんでいます。

その後、約3時間、ネコさんが熟睡していたので観察中断。

おさんぽまち

朝10時
ウキウキしながらお散歩の時を待っています。
外は雨。今日はお散歩に行けそうもありません。

正午
雨のことなど知らないネコさん。
お散歩に行きたくてたまらないようです。

午後2時
眠気とたたかいながらもお散歩への野望はまだまだ健在・・・。

午後3時
熟睡・・・・・。

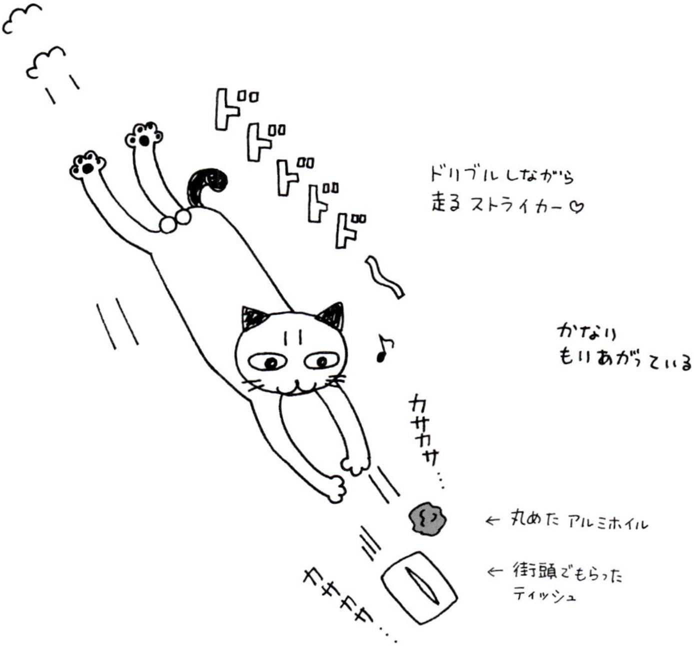
ドドドドド～
ドリブルしながら
走るストライカー♡
かなり
もりあがっている
カサカサ…
← 丸めた アルミホイル
← 街頭でもらった
ティッシュ
カサカサ…

7：00pm

「（ドドドドドドド・・・・・カサカサカサ・・・・・）」
お散歩に行けなくてもてあましたエネルギーを発散させるべく、丸めたアルミホイルと街頭でもらったティッシュでサッカーに興じます。

お～っとと…
カサッ!
ファインプレーニャ♥
ニャニャ♥
完ぺきなパス♥ →
カサカサ…

8：00pm

ひとしきり遊んだネコさん、甘えてひざの上にのってきました。
顔を近づけてこちらをじっと見ています。

「はいはい、マッサージね」
その目は明らかにマッサージを要求しています。

「(もみもみもみもみもみもみ・・・・・)」
目のまわり、耳の後ろ、あごの下、首、背中など、順番にもみほぐしていきます。

ネコさんが気持ちよさそうに両手を前に出すと、指がぱ〜っと開きます。

「ユルんでるわあ〜❤」

「あれ、も、もういいの？」
あれほど気持ちよさそうに身を任せていたネコさんは、15分くらいすると、ひざからぴょこんとおりて、いつもの休憩場所であるブランケットの上に移動しました。

8：30pm
ネコさんの体がブランケットの上でどんどん低くなり、完全に横たわって手足は前に投げ出されました。

「（おぉ～熟睡した～）」
Zzz
Zzz
Zzz
Zzz
Zzz

10：30pm

「（カリカリカリカリカリ・・・・・）」

出しっぱなしにしてあるカリカリをネコさんが食べる音で目が覚めました。

「あ、いけない、こっちも寝てしまった！」

ネコさんの隣でようすを見ていたつもりが寝てしまっていました。

まとめ：ネコさんは規則正しい生活をするようですが、じっとしているといつの間にか眠ってしまうようです。

ネコさんを見ていると、こちらまで眠くなるのが、とても不思議でした。

ネコさんとレインコート

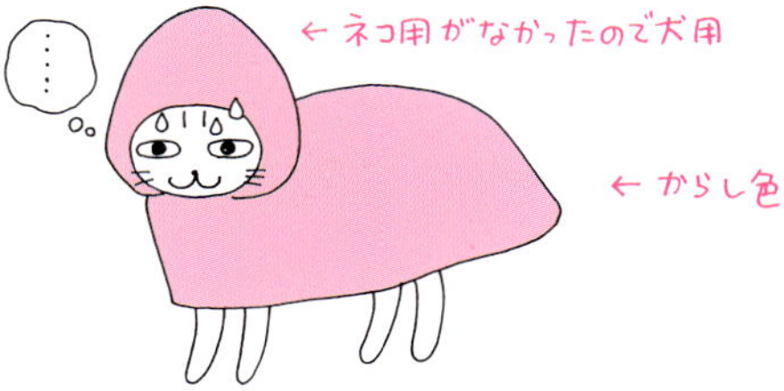
……
← ネコ用がなかったので犬用
← からし色

あまりにもお散歩に行きたがるのでネコさんにレインコートを着せてみました。

フニャニャ……

しかし、慣れない装着物に違和感を感じたのか、ネコさんはあまり動きませんでした。

ネコさんの1日
～ある晴れた日～

平和な日々が続いています。

平和なのはとってもありがたいこととは知りつつも、
「おぉっ！」
と目を大きく見開くようなネコさんのハプニングがないのはちょっと物足りない・・・・とけしからんことを考えてしまう今日この頃。

そこで雨の日の次は、晴れた日のネコさんの１日のおもな行動をダラダラ列記しちゃおうという、これまた適当な算段です☺
では、ネコさんの朝からお話を始めましょう。

朝です。
しかしネコさんは一番起きるのが遅い・・・・

いつものリビングの床に敷かれたネコさん用ブランケットの上で、気持ちよさそうに寝ています。

さて、日課のお散歩です。

さくさく、ご機嫌♥で歩いてくれる日もありますが・・・・・

なぜか、地面に座り込んだまま固まり、テコでも動かないことも・・・・・

お散歩から帰ったら、ひとまず“仮眠”。

「おっと、いけない！　お散歩でお腹がへっていたんだっけ！」

「ガツガツガツガツガツガツガツ・・・・・」
ものすごい勢いでがっついています。

・・・・・勢いあまってごはんの器をひっくりかえし、イジケル
ことも・・・・・。

（拾って食べてよっ！）

いっぱい食べたら・・・・・

もちろん食後の“仮眠”。

「ペロペロペロ・・・・・」

念入りに毛づくろい。
ネコさんの几帳面な性格がこの毛づくろいからうかがい知れます。

「ペロペロペロ・・・・・」
お水もいっぱい飲んで・・・・・

「来たぁ～～～～～～～～～～～～～～～～～～～～～～～～～～～～～～」

で結局、
すやすや夢の中なのでした。

ネコさんとこの平和に
感謝します！

【4月1日】

ネコさんとお散歩

いよいよ４月。

ちょっとずつ暖かくなってきました。

都心に住んでいるため、ネコさんはお家の中で生活しています。

「ネコさん、今日はお天気がいいから公園へお散歩に行こうか？」

ネコさんは、すでに玄関でお散歩モードのワクワク顔で待っています。

まだ首輪もつけてないのに、閉じた玄関ドアに突進し、鼻をドアと枠の間にこすりつけ、すき間からわずかに漏れてくる外の空気のニオイをくんくんとかいでいます。

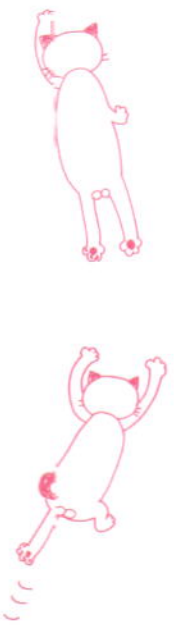

リードを持って近づくと、首輪についている鈴の「チリン、チリン」という音に大興奮。

「ほら、落ち着いてっ」
抱き上げてリードの先についた首輪の装着完了。
自転車の前のカゴにネコさんをのせて一路公園へ！

「こらこら、そんなに身をのり出したらあぶないじゃん！」
落ちたらたいへんなので自転車を止め、ネコさんをカゴの中に座り直させて再出発。
そんなことを何度か繰り返して、やっと目的地の公園に到着。

ネコさんは1分1秒でも目的地に早く着くように、自転車のカゴから大きく身をのり出しています。

「んもう～、ちょっとでも早く行きたいからって身をのり出すから、よけいに時間がかかったじゃないのっ！」
ネコさんをおろし、自転車を公園に駐輪していると、ネコさんをつなぐリードはもうすでにピンと一直線に張っています。

リードの先には前進しようと懸命にもがくネコさんが後ろ足だけで立ち、前足を空中でバタバタさせています。

「はいはいはい、今行くから」
ネコさんのお散歩は、一事が万事こんな調子、なんだかセコセコしています。

公園は都心に近い大きな公園。

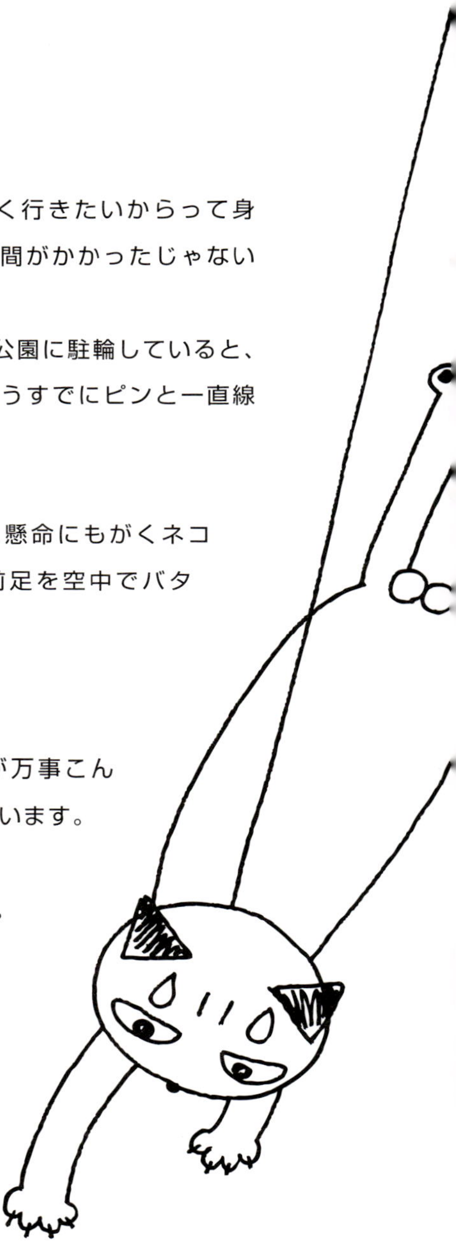

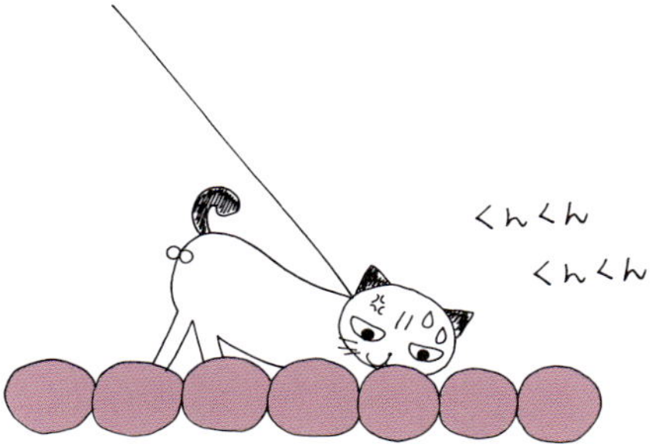

大きな池のまわりをぐるりと幅の広い通り道が囲んでいて、マラソンやジョギングを楽しむ人たちがたくさんやって来ます。
そのまわりに芝生の敷地や花壇、森などが点在していて、レストランや売店、ボートハウスもある大きな公園です。

「（くんくんくんくんくんくんくんくん・・・・・）」

ネコさんはリードをピンと張ったままの状態で道の端っこに並んだ石のニオイをかぎながら、どんどん前に進んで行きます。

「まあ、ネコォ？　犬かと思ったわぁ～」
すれ違う人から毎度おなじみのリアクションをたくさん受けながら進みます。

気がつくと、小さな森のようなところまでやってきていました。

「!?」
ネコさんは突然、目の前の１本の木に飛びつき、そのまま上に登り始めました！

「ちょちょちょっと！　そんなところまで登って、おりてこられるの？」
ネコさんは、リードがピンと張ったため、１本の太い幹の上で止まりました。
そこで、四つんばいになったまま、姿勢を低くしてじっとしています。

「ネコさ～ん（←叫んでいる）、こっちこっちよ！
おりておいでぇ～」

「（・・・・・・・）」

何度も呼び続けるのですが、ネコさんはじっとしたままです。

「ど、どうしよう」
オロオロすること１５分。
ネコさんはすっかりくつろぎ幹の上でお昼寝中。

「なんしとんねー、ネコさんのおりれんとね。
（訳：何をしているのかい、ネコさんがおりれなくなったのかい）」

その声に振り向くと、いかにも公園在住系というおじさまがギコギコ音を出しながら自転車を押して近づいてきました。

「はっ、はい、そうなんです」

「したら、こん自転車ば、台にして登らんね。
おいちゃん、倒れんごと持っとっちゃるけん。
（訳：そういうことだったら、この自転車を台にして登ってみてはどうかい。
おじさんが、倒れないように支えておくから）」

「はいっ！　ありがとうございます。そうさせていただきますっ！」
まさに渡哲也に船・・・・・じゃなくて渡りに船！

おじさまにしっかりと支えていただいた自転車のサドルの上に立ち、ネコさんに手が届きました。

そのままネコさんを抱えてサドルから飛びおりて、

くんくん
くんくん
タバコのから

くんくん
くんくん
ポテトチップス
スナックがしのふくろ

無事救出成功！

おじさまに深々と頭を下げ帰ろうとすると、木の上でしっかりと休憩をとったネコさんはエネルギーを充電したようで、帰宅を拒否。

くんくん
くんくん
ペチャンコのあきかん

抱っこされた手をもがいて振りほどき、地面に立つと、さらに強い力でリードをピンと張りながら、公園の隅っこにあるどうでもいいようなもののニオイをくんくんとかいで、約30分間徘徊し続けたのでした。

お天気がよかったにもかかわらず、お日様の光はほとんど浴びることがなかったのですが、別の意味で汗がにじんだ春の思い出でした。

くんくん
くんくん
ダンボールのはこ（ぬれている）

くんくん
くんくん
すてられたざっし
（ぬれている）

【4月17日】

ネコさんと福岡県西方沖地震の記憶

2005年3月20日は、福岡で大地震が起こった日です。

福岡は、それまでほとんど体に感じる地震などなかったので、その記憶は今でも鮮明なまま残っています。

ニンゲンといっしょにいたネコさんにとっても、初めての地震体験でした。

ネコさんも、地震のことを憶えているのでしょうか。

その瞬間は、日曜日の午前中でした。

春とはいえ外に出るとまだまだ寒くて、部屋をファンヒーターで暖めていました。

ニンゲンは、２階のパソコンの前で作業をしていました。
家族は出かけていて、ネコさんとふたり（？）っきりの休日。

ネコさんは同じ部屋で、ファンヒーターの前に置かれた椅子の上ですやすやと寝ていました。

１０時５３分、急に右にある棚に平積みしていた何十枚ものＣＤが、なだれのようにくずれてきたのです。

パソコンは、まるでおじぎをするように前後にぐらぐら音を立てて揺れていて、今にも床に落ちそうになっています。

この時は、まだ地震が起こっていることに気がつか

ず、トラックか何かが塀を破って家に突っ込んできたのではないかと思っていました。
その揺れは、ずいぶん長く感じられました。

揺れがおさまると、急に静かになりました。

ファンヒーターの火が、安全装置が作動して消えていたのと、つけっぱなしのラジオが収録番組だったため、エアージョッキーのハイテンションなおしゃべりが流れ続けていたのが印象的でした。

「じ、地震だっ！」
揺れがおさまって、初めて気がつきました。

「あ、ネコさんがいない！　ネコさんはどこっ？」

さっきまで、ファンヒーターの前の椅子の上で丸くなっていたネコさんの姿が見えません！

「ネコさん～！　ネコさ～ん！　どこぉ～っ？」
・・・・・・・返事がありません。

今になって冷静に考えてみると、普段からネコさんがこちらの呼びかけに返事をしてくれることは、ほとんどないので、それほど焦る必要もなかったのですが、さすがにこの時は返ってこないネコさんの返事に不安を感じました。

「ネコさん～！　ネコさ～ん！　どこぉ～っ？」
「ネコさん～！　ネコさ～ん！　どこぉ～っ？」

「あ～ネコさん、こんなところにいたのね～」

ネコさんは玄関のタイルの上で四つんばいの低い姿勢のまま固まっていました。

ドアにぴったりと鼻をくっつけ、ネコさんは、外に出たがっていたようです。

「よしよし、怖かったんだね。
急に揺れて、びっくりしたんだね」
抱っこすると、ネコさんはちょっと落ち着いたようでした。

「(それにしても、ネコさんたら、自分だけ逃げようとしてたのね～)」
そう思うと、
「(こんなに可愛がってるのに冷たいなあ～)」

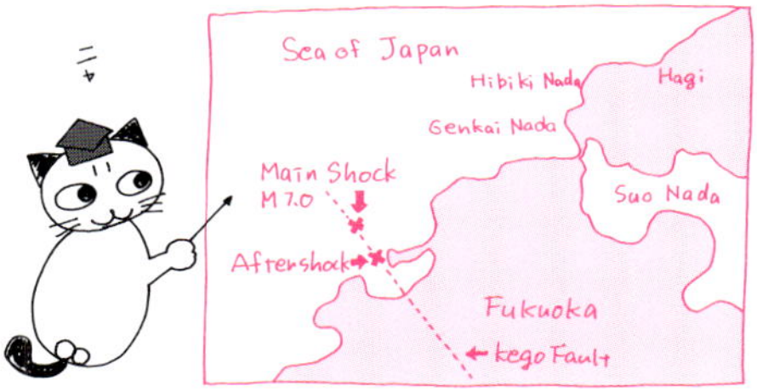

少しさびしい気持ちにもなったのでしたが、
「(いやいや、さすが、ネコさん！　まず脱出をはかろうと玄関に逃げるとは！
本能のなせる技なのかしら。やる時はやるもんだね～)」と感心したものでした。

すぐ近くに警固断層が走っているため、家の周辺は被害が大きく、小学校の体育館や公民館に避難する人や、建物が崩壊するかもしれないということで、進入禁止の場所もありました。

地面に大きな亀裂が走ったり、舗道のタイルが盛り上がったりして地震の強さを物語っていたのですが、奇跡的にわが家は、物が多少床に落ちたものの、何も壊れず無事でした。

そして大地震の後は、余震が続きました。

「うわっ！　余震だっ！」

「(ニャッ！　ニャニごとニャ～！！！！！！)」
突然やってくる余震に、寝ているネコさんもびっくりして飛び起き、目を見開いていました。

「あっ！　また揺れたっ！！！！」
「ニャ！　ニャニャッ！！！)」

「あっ！　また揺れた」
「(ニャ！　ニャニャ)」

「また揺れた」
「(ニャ)」

「あ、また揺れとんしゃー
（※訳：あ、また揺れているのね）」

「（・・・・・）」

突然何度も起こる余震にネコさんもすっかり慣れ、ちょっと揺れたくらいじゃ、寝ていても起きなくなっていました。

ある晩のことです。
いつものようにネコさんにリードをつけ、庭をお散歩していました。

庭の隅っこのブロック塀の横でネコさんは急にもよおしたらしく、立ち止まり、大地にしっかり足をつけました。

ウン★をキバり始めたその時です！

ぐらぐらぐらららら・・・・・・・

久しぶりに電信柱も揺れるほどの大きな余震が起こったのです！
ぎしぎしぎし・・・・・、ブロック塀も音を立てて揺れています。

「っうわっ！　怖いっ！」
久々の大揺れに焦ってネコさんの方を見ると、そこには、遠くを見つめ一心にウン★をするネコさんがいました。

GURAGURA...
← 別のイミで必死.....
秘

踏ん張っている足は余震でぷるぷる揺れています。

体を余震に揺られながらも、まったく姿勢を変えずキバっています。

揺れがおさまるのとほぼ同時にネコさんも用を足し終え、まるで何事もなかったかのように、悠然とウン★に砂をかけ始めました。

「すごいっ！ネコさん！」
どんな余震にもちっとも動じなくなったネコさん。
その大物ぶりに、焦った自分が小さく見えた月明かりがきれいな夜のお話です。

ここらでちょっと毛づくろい♥
ぺろぺろ

ネコさん用防災グッズ

〜備えあれば憂いなし〜

さてさてニンゲンもネコさんも日頃から地震などの緊急時にあわてることのないよう、準備をしておきたいもの。
ネコさんの防災グッズとしてそろえておきたい品々を考えてみました。

カリカリ
ネコさんごはん

まず必要なのが、命の源、食べもの。
ニンゲンの食料の配給が最優先になることを想定すると、ネコさんの食料確保は避難時の重要なポイントとなることでしょう。

カンヅメ
food
food

かつおぶし
↑
ネコさんの好物は、おさえておきたい。

↗ ネコ用重要文化財？「ネコ日本号」
ブシはブシでも黒田ネコブシ？…。

ネコさんのベッド
おもちゃ
← 毛布も忘れずに
↑
またたびの木
ネコさんをおとなしく
させる時にかつやくする
かも…
お？ おでかけ？♪
ニャ♡
← リュックサック
ネコさんと逃げる時に
大かつやくすること まちがいなし

緊急に避難しなければならなくなったことを考えると、必要になってくるのが、ベッドや毛布など。
寒い季節でなくても、朝晩は冷え込むことがあるので役立ちます。
また、慣れない場所に避難してもネコさんがたいくつしないように配慮することも大切です。

ここらで
ちょっと
もづくろい

博多どんたくネコまつり？

♪ニャンコかわいやネンネしな♪

福岡では毎年GW（ゴールデンウィーク）の
まったた中、『博多どんたく』という
おまつりが 開催されます。

ふ〜 あつい あつい

どんたくのころから
だんだん暑くなってきます。

夏

Summer

【8月7日(猛暑)】

ネコさんに万歩計

毎日うだるような暑い日が続いています。
日中は、どうしても動くのがおっくうになりがち。
体に力が入らず、ダラダラ、ダラダラ。

こんなにダラダラしていたら健康によくないっ。
ネコさんの健康が何よりも心配だわ。

“ネコさんって1日、どれくらい運動しているのかしら？”

案ずるより横山やすし、じゃない産むが易し。（古いっ）
まずは、現状把握から。

というわけでネコさんの首輪に万歩計をつけてみました。

1時間後・・・・・・0歩。(・_・)

2時間後・・・・・・・・・1歩。(・_・;)

4時間後・・・・・・・・・・・・・5歩。(・_・;;;)

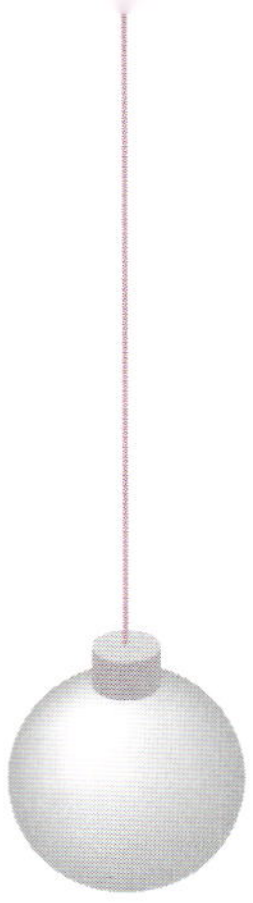

ちいっとも動いていらっしゃらぬ。

しかし、これだけ必要最小限にしか動かなくても生活できるんだ。
ある意味ロハスだわ。
エネルギーの放出はかなりミニマム。

ネコさんの知らなかった一面に触れたような気がして、なんかちょこっと感動してしまいました。

今日のまとめ：ネコさんって意外にエコロジストです。

ニャ〜♪
いちばん涼しいところを知っている
すばらしいネコさんのエコ魂♥
玄関のタイル
冷んやりしています。

【8月19日】

ネコさんと海

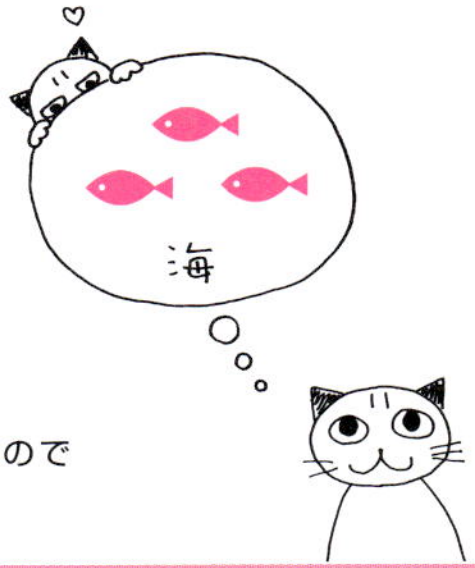

夕方、夕焼けがあまりにもきれいだったので
ネコさんと近くの海へ出かけました。

サササ〜　ザザザ〜
サササ〜　ザザザ〜

波の音もおだやかです。

砂浜におろしたとたん、ネコさんは海とは反対側に一目散に逃げて行きました。
「うげげ、ものすごい力！」
ネコさんは、姿勢を低くし猛烈な力でリードを引っ張り海から離れようと必死でした。

今日のまとめ：ネコさんは海が苦手なようです。

【8月29日(残暑)】

夜の動物園

福岡市の動物園は、夏になると毎週土曜日、夜9時まで開園します。
その名も『夜の動物園』。
うだるように暑い昼間とはちがって、動物たちもけっこう活発だったりします。

何年か前の『夜の動物園』に、度肝を抜かれたコーナーがありました。
そこは、“ツシマヤマネコ”のコーナー。
残暑きびしく熱帯夜で、ダランと体を横にしているネコさんたちの檻の前の看板に、

“○月○日　交尾失敗”
“○月○日　交尾失敗”
“○月○日　交尾失敗”・・・・・・・・・・・・・・・
赤裸々な記録が書かれていました。

さ、さすが『夜の動物園』❤

そして今夜再び『夜の動物園』へ。
するとツシマヤマネコの看板には
“○月○日　赤ちゃんが生まれました”
と書いてありました。

やったね！
ネコさんたち！
人類の熱い視線をモノともせず、よくがんばったね。
今夜はちょっと達成感。
ニャニャニャ～ン♪

ZOO

ここらで ちょっと もづくろい♥

赤ちゃんのころのネコさん

初めて家に来たのは、生後約２カ月。
手のひらにすっぽりと入る大きさでした。

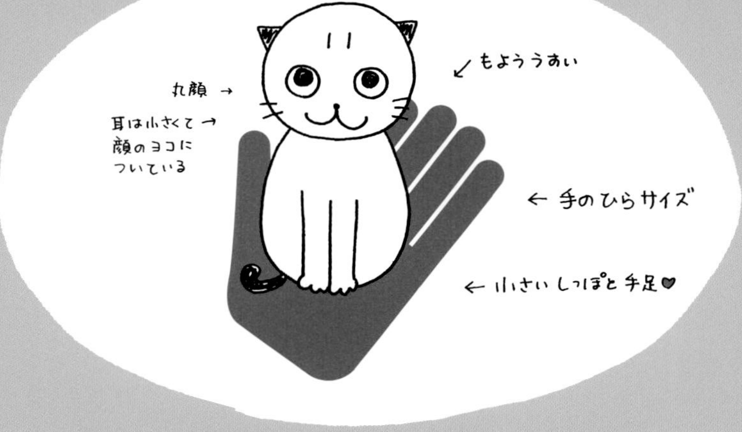
丸顔 →
耳は小さくて → 顔のヨコについている
↙ もようらすい
← 手のひらサイズ
← 小さいしっぽと手足♥

初日

キンチョーのせいか何も食べなかったネコさん。
最初に口にしたのは、出前のお寿司のアナゴの切れはし。

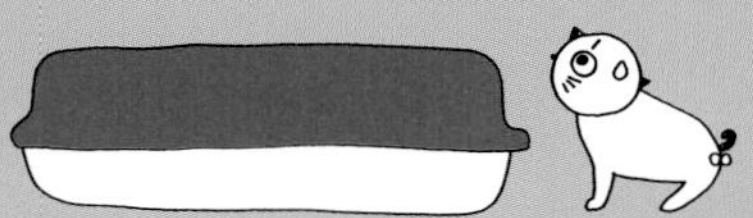
トイレにひとりで入れない・・・。

パクッ
ちび。
ヨロヨロ

おしっこすると お腹までビショビショ。

プールのように広いトイレ

階段は，のぼることも
おりることも できない…。

翌日

初日はおとなしかったネコさんですが、
次の日から猛獣に・・・・・

すっかりあまえんぼ♥
ひとりになると
人恋しくて全身で鳴く。
鳴きながらニンゲンをさがす。

動く物すべてに飛びかかるネコさん。
ちっともじっとしていません。

カメラのひも

ニャー
ニャー
うきうき
ニンゲンの手足はキズだらけ…。

食べすぎてお腹パンパン♥

ニンゲンの体の一部に
さわっていると安心して
すやすや眠るネコさん。
よく遊び、よく食べ、よく眠る・・・
健康そのもの！

6ヵ月後

どんどん大きくなっていくネコさん。
相変わらずソワソワ落ち着きがありません。

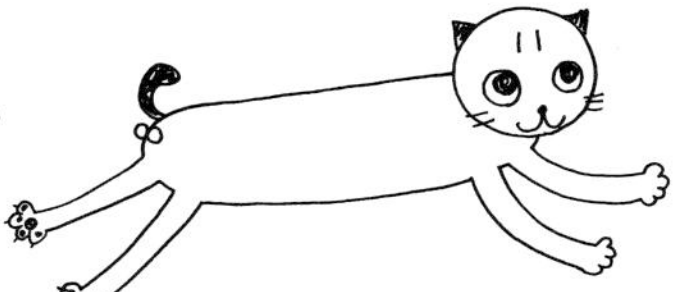
カラダが細長くなる
ちょっとずつ
色がついてくる
すごいスピードで成長していくネコさん。

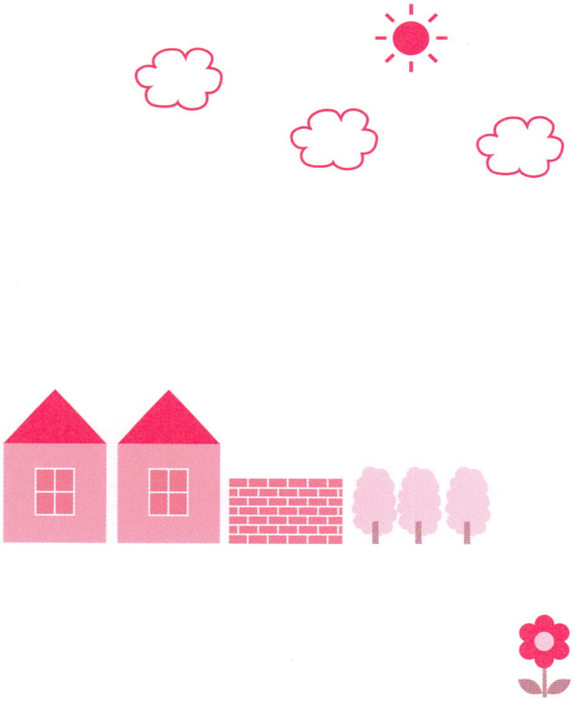

ネコ会話

『ネコ会話』はネコさんとコミュニケーションする人々の会話レベルを観察し、（独断と偏見＋適当に）分析したものです。

ネコさんとお散歩していると実にたくさんの人から声をかけられます。

そのデータを元に『初級』『中級』『上級』、そして『師範代』のレベルに分けました。

Cat conversation

ネコ会話能力レベルチェック表

あなたのネコ会話レベルは？
まずはチェックしてみましょう。
ＹＥＳと思う□に✓印をつけましょう。

□ ネコさんを見かけるとテンションが上がる。

□ 外でネコさんを見かけると思わず近づいてしまう。

□ ネコさんに会うと向こうから近づいてくる。

□ ネコさんを連れている人を見ると声をかけてしまう。

□ ネコさんと向きあう時は、いつも真剣だ。

□ ネコさんに本気で謝ったことがある。

□ ネコさんのすばらしいところを５つ以上言える。

□ 外のネコさんに勝手に名前をつけて呼んでいる。

□ 外で会った初対面のネコさんを抱っこしたことがある。

□ ネコさんに会うと必ず声をかける。

□ 話しかけるとネコさんも返事をする。

□ ネコさんの話していることが理解できる。

□ ネコさんとは、日本語ではなく“猫語*”で話す。

*「猫語」とは、ニャア～とか、ニャニャニャ、など、ネコさんがしゃべる言葉

□ たいていのネコさんに好かれる自信がある。

YESの数でレベル判定

0～3	初級
4～9	中級
10～13	上級
全部	師範代

初級レベル Junior class

「え？　ネコの散歩？」
「わっ、犬かと思った！」

すれ違いざまにこうつぶやく方々は初級レベルです。
ネコさんが首にリードをつけてテケテケ散歩していることに、ストレートに驚かれているようです。
ほとんどの方が立ち止まらず、あっさり行ってしまいます。

「ふふふふ・・・・・」
なぜか、みなさん笑いながら去って行かれます。
遠くで５、６人の女子高生グループがネコさんを発見すると、ネコさんを指さして、

「わ～、見て！　ネコが散歩してるよ！」
と、かなり高いテンションでもり上がるのですが、その後ネコさんの横を通る時にはすっかりおとなしくなり、

「かわいいっ」
と、口々に静かにつぶやきながら通り過ぎていくのです。

考察
「かわいい～」
と、つぶやく方は推定（見た目）年齢30歳以下の女性でした。

「ネコさんもお散歩するのねえ」
と、通り過ぎていく時に自答される方は推定年齢50歳以上の女性に多く見られました。

中級レベル Middle class

「ま、ネコもお散歩するの？」
と、質問された後、このレベルの方は、立ち止まられます。

「オスですかメスですか？」
「おいくつですか？」
「毎日散歩なさるの？」
「どうやったらネコが散歩できるようになるんですか？」

中級レベルの方々は、とにかく質問をなさいます。
質問の内容は、どの人もほとんど同じなので回答するのはラクチンです。
（同じ答えばかりだとちょっと飽きますけど・・・・・）

「ネコでもちゃんと散歩できるのですか？」
中には見りゃわかるでしょーって突っ込みたくなるような、念入り質問をされる慎重派もいらっしゃいました。

「ネコの散歩なんてありえるの～!?」
かなり驚愕しながら質問をなさる傾向がありました。
（これは推定年齢55歳以上の男性に多く見られました。）

考察
中級クラスには、男女とも10代はいませんでした。
30代後半より年上の女性が多かったです。

上級レベル Upper class

「家のネコちゃんはねえ～○×△□☆※・・・・・」
ネコ会話上級者ともなると、しょっぱなから100年来の友人のように親しげに話しかけてこられます。

「家のミーちゃんは鰹節が大好きでね。
散歩はさせないのよ、だって車こわいでしょう・・・・・」
こちらのリアクションにまったくおかまいなしに、一気に自分のネコさんの話をお始めになるのがこのレベルの方々の特徴です。
中には、同居しているネコさんのルーツについて、かなりくわしくお話になったり、
「○○病院は、ネコにくわしい先生がいるのよ」
など、ネコさんとの暮らしに役に立ちそうな話題も提供してくださることもあります。

また、しゃがみこんでネコ目線になり
「お～よしよし、あんたはいい子だねえ～」
と、ネコさんの頭をナデナデしたりしてスキンシップをはかる傾向もありました。

立ち去る時には必ず
「バイバイッ、また会おうね」
と、ネコさんにあいさつをしてくださいました。

考察
このレベルは100％推定年齢55歳
以上の女性でした。
会話時間がとても長いのが特徴です。

師範代 Master level

「ニャ～そうでちゅか～、おちゃんぽたのちいでちゅか～❤(お散歩楽しいですか)」
ごくまれにですが、遠くから近づいてくる時からどっぷりネコさんの世界に入っている強者がいらっしゃいます。

初めからネコさん目線100%。
ネコさんに対して赤ちゃん言葉を使ったり、語尾に「ニャ～」という言葉をつけてお話しになられます。

横にいる飼い主のことなど、まったく目に入ってなさ気なのが特徴です。
ネコさんを発見するなり近づいてきて、しゃがんでネコさんをいきなりナデナデ。
「よちよち、あら～重いでちゅね。
マンマをいっぱい食べてるんでちゅね」
中には初対面のネコさんを抱っこする方もいらっしゃいました。

ここまでいくと師範代。
3つのレベルはとっくに超越なさっています。

考察
師範代も100%推定年齢55歳以上の女性でした。
声の大きい方が多いようです。
師範代の前で、ネコさんはとてもおとなしく、まるで借りてきたネコのようでした。

まとめ

ネコ会話は女性の方がお上手なようです。

ネコ会話をなさる男性は、ほぼ100%が推定年齢55歳以上でした。

推定年齢55歳以下の男性でネコ会話をなさる方は、ほぼ100%女性とふたり連れでした。

ネコさんとの会話は人生経験を積まれている方がより達者なようです。

今回の研究（?）のデータは、九州福岡の都心部で集めました。
地域によって会話の特徴や内容などデータに差異が見られるかもしれません。

秋

Autumn

【9月22日】

NPOネコ地雷撤去大作戦

「ブニャ〜ニャ〜」
ネコさんは、今日も玄関でお散歩の催促。

リード装着オッケー、いざ出発！　と
玄関を一歩出てほんの少し歩いた所で急に足が止まりました。

「くんくんくん・・・・・・・」

「ぎょえ〜っ！」
ネコさんは、外のネコさんが産み落としたままにしているウン★のニオイをかぎ始めたではありませんか。

クルリ、ネコさんはウン★に背を向け、ガリッガリッ、サクッサクッ、手で土を掘りかけ始めました。

わが家の庭は、シャレたタイルなど敷かず、ただ花木を植えているだけの自然体で土のまま。

外のネコさんたちは、ここのあちらこちらにウン★を産み落としていくのです。

なぜか、ほとんどそれらは、土に埋められたりすることもなく、むき出しのままなのです。

「なんで？　自分の排泄物には、きちんと砂をかけてかくす、っていうネコの奥ゆかしい習性はどーしたのっーーーーー？」

庭の花木の中を歩き、この臭くて危険な異物を踏んでしまい、靴底を洗剤とブラシでゴシゴシ、何回洗っても落ちないニオイに凹んで、叫ぶことしばしば。

「もしやこれも地球温暖化の影響っ？」
とれないニオイに、いろんなものに疑いをかけたくなるのです。

ガリッガリッ、サクッサクッ、ガリッガリッ、サクッサクッ、ガリッガリッ、サクッサクッ、ガリッガリッ、サクッサクッ・・・・・

「いつまでかけてるの～？」
ネコさんは、まるで何かに憑かれたように、一心不乱にウン★に土をかけています。

ガリッガリッ、サクッサクッ、ガリッガリッ、サクッサクッ・・・・・

かけにかけまくっています。
そこは、もうすでに小さな土の山になっていました。
「お！　ネコさん動いた！」
ガリッガリッ、サクッサクッ・・・・・

「ちょ、ちょ、ちょっとそこじゃないよ～」
次の標的となったウン★に対して、ネコさんの掘った土は、方向が微妙にずれています。

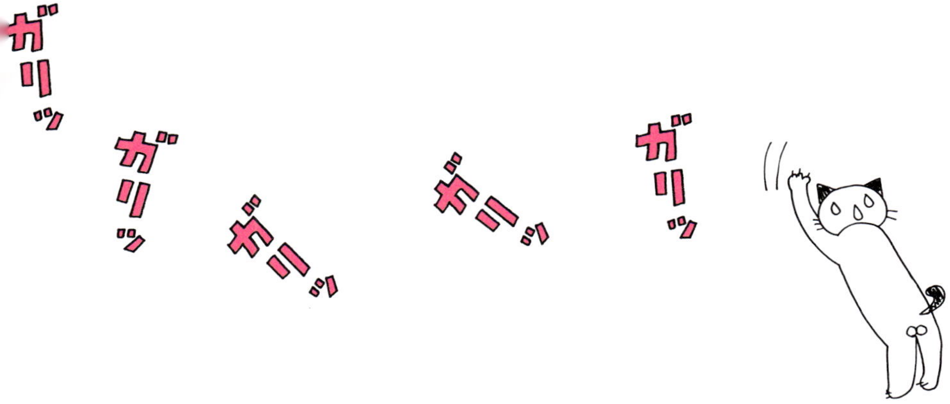

ネコさんの必死な動きとは裏腹に、ウン★にかかる土はほとんどなし。

サクッサッ

ウン★のヨコにできた土の山

「えぇっ？　そんなもんでいいの？」
今度の土かけはえらくあっさり。

ガリッガリッ、サクッサクッ、ガリッガリッ、サクッサクッ・・・・・

サク。。。
かなりテキトーに土をかけている…。

ガリッガリッ、サクッサクッ、ガリッガリッ、サクッサクッ・・・・・サクッ・・・・・

ネコさんは約10分間、几帳面にひとつひとつウン★に土をかけていきました。

・・・・・とこのように、行動に多少ムラはあるものの、ネコさんの通った後は、平和で安心して歩ける（？）庭が戻ってくるのでした。

ネコさん
トイレ物語
その１

何事にも慎重に行動するネコさん……

ネコさんが、自分のトイレのまわりをウロウロし始めました。
どうやら大きい方をもよおしたようです。

トイレのまわりをていねい
に回ります。

トイレの中に入り、ちょっとそのポーズを
してみます。
・・・・・でも、ここではないようです。

ここでもない・・・・。

あそこでもない・・・・。

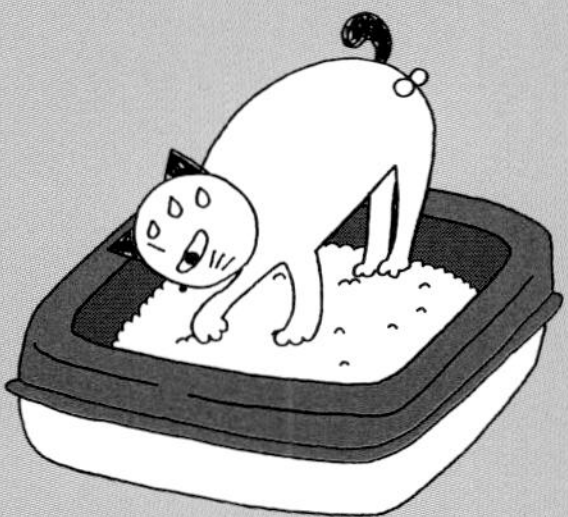

ちょっと砂を掘ってみます。
・・・・・やっぱりここでもなさそうです。

『！』急に時はやってきました。

あんなに念入りにトイレポジションを探していたのに、ウン★はトイレの外に落下。

今度はぜひトイレの中に着地させてね。

プルプル
まよったあげく、外に出してしまう…。

ネコさん
トイレ物語
その2

時にはビミョウなネコさん……

庭をお散歩しているネコさん。
くんくんくん・・・・・
いろいろなもののニオイを
チェックしています。

玄関のタイル

かってに茂った雑草

無造作に落ちている石ころ

「!」
ネコさんは、急に土を掘り始めました。
カサッカサッカサッ・・・・
ずいぶん念入りに掘っています。

あっ！　その時は急にやってきました。
ネコさんが急いで体を動かしたため、後足だけはまだ大地に完全に戻っていません。

足の裏を上に向けたままです。
可愛い肉球丸出しの不安定な体勢の中、ウン★は無事地面に落下。

あれほど丹念に掘った穴なのに、ウン★の落下地点は微妙にずれていたのでした・・・・・

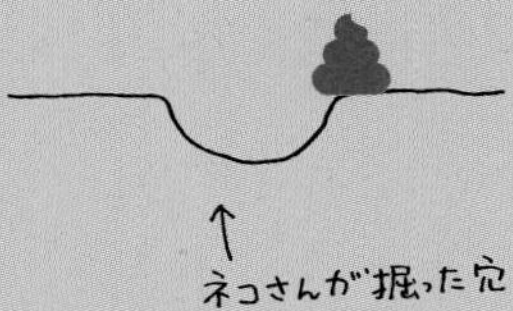

【10月11日】
きょうの猫うらさん

『きょうの猫うらさん!?』

えっ？　ドコかで聞いたことのある名前って？
ナニ言ってるか、気のせい気のせい。
これオリジナルあるよ～。

エッ？　パクってるって？
ナニ言ってるあるか✧
ちゃんと読んでよぉ。

ワタシの国では、“ちょとくらい似てる”よくある
ことよ。

今から書くハナシ、ほんとのこと、ワタシが日本に
来てびっくりしたハナシあるね。
だからオリジナルよ。

えっ？　どこの国からやって来たのかって？
ってナニ聞きますか？　あなた！

それ、個人情報あるね、そんなこと教えられないよ。
知ってます？　あなた！　個人情報！
個人情報守るは常識あるよっ。

ちょとあなた、変なこと聞かないで、ワタシが日本来てびっくりしたこと黙って聞くあるよ。

まず、空気！

日本ほんとに空気よくないね。
こんな空気悪いとこ初めて来たあるよ。
ワタシ、九州に来たあるけど、黒い車ちゅしゃじょう一晩とまってたら、砂ほこりで真っ白あるよ。

これ、ぜったい日本人のせいっ！

なのに、日本人の中にはこの砂ほこりのせいでコンコン咳してるあるのに

「ネコの毛は、体によくないっ」
ってすぐ人の、いやネコのせいにする人いるね。
これよくないよぉ～。

日本人たまに、ワタシがちょとステキかっこしたら

「ネコに小判」
って言うけど、あなた、それ意味わかてるっ？

今いったいどこに小判が流通してるっ？
だいたい小判と言えば江戸時代のお金でしょー。
そんな昔のお金のこと、なぜ今頃言いますか？

ほんと日本人って流行おくれてるあるね。
時代ついてきてよ。

はーこまるこまる。

あと「ネコのごはん」！

日本人ネコさんに
「さぁ、ごはんですよ～」

とか
「あ、いっけないぁい、ネコさんに“ごはん”あげなくっちゃ」
とか言ってるでしょ！
そー言われると普通、あつあつの白いご飯って思うでしょ。

ワタシ白いご飯期待して待ってたよ。
そしたら出てきたの茶色い鹿のふんみたいなカリカリだったあるよ！

“ごはん”言ったら米でしょー。
なぜ、茶色いカリカリ出てくるかっ。

日本人、日本語まちがってるよ。
しかも、そのカリカリおいしいかたある。

よちよち♥
おりこうちゃんね♥

だったら初めから
「今日もカリカリあげますよ～」
とか言うべきでしょー。
日本語正しく使ってほしいあるね。

あと日本人、なぜワタシに子どもコトバで話しかけますか？

「おりこうちゃんでしゅね～。
かわいいでしゅね～」
ワタシこう見えてもちゃんとした成人、いや成ネコあるよ。

しかも、まったく初対面なのにいきなりナデナデするかっ！
しかもナデナデチョーていねいあるよー。

気持ちいいある・・・・・。

日本人変だけどネコのイゴコチ、ワタシの国より
ちょとだけイイ。

よく考えたら、タイトル、あまり内容と関係なかた
あるね。
きっと、書いたの日本人あるよ。

ネタなかったからテキトーな作り話でお茶をにごす
作戦だったにちがいないあるよ！
ほんとおかしいねー。

ってその前にタイトルの猫うらさんって誰あるよ？
これもテキトーに考えついただけあるかっ？

【10月23日】

ネコ場所

“ネコ場所”　それは、大相撲の
九州場所のようなもの。

テテッテンテンテケテケテケテンテン・・・・・・・
（相撲が始まる太鼓の音）

「にぃし〜ぃ〜い、茶色しまネコのやぁまぁ〜」

「ひぐぁし〜ぃ〜い、シロクロネコのやぁまぁ〜」

「見合って見合って、はっけよ〜い、ネコったネコった・・・・・」

「おっと両者、目をそらした！
いきなり土俵の上で毛づくろいを始めた〜！?」

なんつって、“ネコ場所”は（あったら楽しそうですけど）ネコさん相撲のことではありません。

それは、ネコさんが好んでくつろいでいる場所のことなのです。

ここ数日、急に冷え込んできました。
ネコさんがゴロゴロしているのは、いつの間にか、窓のそばの陽の当たる場所になっています。

午前中は、朝の冷え込みが尾を引いているらしく、全身に陽が当たるようなポジションでゴロゴロ。

正午から2時くらいにかけては、気温も上がってくるため暑くなるのか、足だけ陽が当たるような位置に微移動。
「き、器用だな〜」

夕方になって日が暮れ始めると、再び全身に夕日を浴びてくつろいでいます。

ちょっと前までは、陽が間接的に当たる玄関のカーペットの上がお気に入りでした。

これから冬になると、ベッドの布団の中がネコさんの好む居場所になります。

桜が咲く前は、今と同じ窓のそば。

暖かくなり始めると、玄関のカーペットの上。

夏は洗面所。

そうです。
“ネコ場所”には四季があるのです

ネコ好きの方はおわかりかと思いますが、この“ネコ場所”は、暑い時には涼を、寒い時には暖をとることのできる心地よい場所なのです。

そう、“ネコ場所”は、過ごしやすい快適な空間の代名詞、と言っても過言ではないでしょう。

たま～に、
「庭にノラネコがウロウロしているなんて、この周辺の環境って悪いったらありゃしないっっっっ！」

と額に青筋を立てていらっしゃる方がいますが、

「ネコさんが遊びにくるって、そりゃすごい快適空間じゃあないですかっ！」
なんてったって、ネコさんは不快な場所には寄りつきもしませんもの。

これからの不動産屋さんは、この“ネコ場所”レベルを尺度に物件をアピールするのも手かも。

例えば分譲住宅予定地にたくさんの外ネコさんがいたら、そこは土が健康で緑があって空気もきれい、

夏は涼しく、冬は比較的暖かな証拠。

“ネコ場所” レベル５！

こんな快適空間は滅多にございませんわ！

ここらでちょっともづくろい♥

あなたのお家のまわりは快適空間でしょうか

近隣空間快適チェック表

←ネコ王子？

← YES　← NO

スタート

家のまわりは車がひんぱんに通っている。

家のまわりはたくさんの自転車が走っている。

家のまわりで置きっぱなしのゴミをよく見かける。

家のまわりは木や草花など緑がいっぱいある。

家のまわりでリードをはずして散歩する犬を見かける。

道ばたにタバコの吸い殻がたくさん落ちている。

近所で見かけるネコさんが3匹以上いる。

近所の人に会うとあいさつをかわす。

道ばたに犬のウン★が落ちている。

家のまわりのネコさんはおだやかな顔をしている。

カラス以外の鳥を見かけたことがある。

エンジンをかけたまま駐車している車を見かける。

快適レベルA
家のまわりは、とても快適で住みやすいすばらしい環境です。

快適レベルB
住民の心がけ次第で快適な環境に生まれ変われるかも。

快適レベルC
快適な環境に生まれ変われるにはかなり努力が必要です。

【11月26日】

ネコさんのテンテキ

「ピックッシュンッ」
秋も深まってきたこの頃、ネコさんはくしゃみをするようになりました。
どうやら風邪のようです。

「ん、もう！　こんなに寒いのに開けっ放しの窓のそばに１日中いるからよっ」
ネコさんは最近、家の窓から外を見ることにハマっているのです。

いくらブランケットに包まれているとはいえ、日中ずっと外気にさらされているのは、深窓の過保護ネコさんにとって体によくないことだったのかもしれません。

さっそくネコさんは近所の動物病院へ。
でもなかなか治らないのでタクシーで30分のところにある病院で診てもらうことにしました。

ちょっと遠いのですが、そこはいろいろな検査設備があり技師さんもいて、学会発表や研究などもなされているネコさんの大学病院的な病院なのです。

しかもここの看護師のみなさんは全員やさしいお姉さん。

これまで病院に行くとおびえていたネコさんも、なぜかここではわりとおとなしくしてくれるのです。

いつぞや、ここでネコさんがこらえきれずウン★をしてしまい、お尻のまわりを汚したことがありました。

看護師のお姉さんが、

「さ～いいこでしゅね、きれいにしましょうねぇ」
と、優しい手つきでネコさんに水のいらないシャンプーをつけ、毛にからまったウン★をきれいに拭いてくださった時、ネコさんはおとなしくなすがままにされていました。

そこは、ネコさんのデリケートなインポータントパートゥ（重要部分）。

いつもなら赤の他人が触れることをけっして許さないその部分を、ネコさんはまるで借りてきたネコのようにおとなしく拭かせているではありませんか。

「ネコさんはここならおとなしく治療を受けてくれるはず！」
というわけでネコさん、いざ病院へ。

「脱水症状が出ていますね」
診察台にのったネコさんに聴診器を当てたり、いろいろなところを触診したりしながらネコさんの主治医の先生（男性）が言いました。

体重はかったり
体温はかったり
いろいろ検査しました。
ウゥ〜
体温計

「今、食欲がないのはこの脱水症状のせいです。
脱水症状がおさまって、ネコちゃんが自分でごはんを食べてくれれば大丈夫ですよ。

脱水症状には点滴です。
静脈にゆっくりと時間をかけて薬を注入してようすを見ましょう。
途中でごはんをあげてみますので、ネコちゃんが自分で少しでも食べてくれればいいのですが。

今、午前11時ですから夕方5時まで点滴すれば十分でしょう・・・・・」

「えっ？　そんな長い時間ですか？」
（うっへ～、しかも静脈ぅ～。それって血管じゃあないですか！！！！！

血管に針をさしたまま、ネコさんが6時間もおとなしくしてるわけないじゃあないですかああああああああああ）←叫びたい！

「じょ、静脈って？　だ、大丈夫なんですか？
ネ、ネコさんにそんな長い時間、点滴ってできるんですか。」

なんとか平静をよそおい、質問します。

「大丈夫です、最初は針を血管に刺しますが、その後抜いてやわらかい細い管だけを残してそこから薬液が血管に入っていきます」
先生は、おそらくこれまでに何度も同じ説明をなさっているのでしょう、淡々と説明してくれました。

「じゃ、せめて点滴の瞬間だけでも立ち会わせてくださいませんか～」

だめ元で必死のお願い。（多分涙目）

「いいですよ」
先生は、あっさり快諾。

拍子抜けしている間に点滴準備開始。

看護師のお姉さんがネコさんを背後から押さえ、左手を固定。

先生が左手をつかんだ瞬間、

「ウガアアアアアアアアアアアギャアアアアアアアアニャアアアガアアアアアアアアアアー－－－－－－オゥー－－－－－－－－－ファ＝＝＝＝＝＝＝＝＝＝＝ニャアアアガアアアアアアアアアアー－－－－－－」

（想像訳：ギャー何すんだっ。オレの手を引っぱんなっ、さわんなっつーの。おいっ、聞いてんのか！　やめろっつーの！　ヤメテグデー－－－－－○×※☆÷＋▽％＊＆＃◎◇＠♂⊕≈∀∂±∋・・・・・・・）

ネコさんは動けない体を必死によじりながら大声で先生に文句を言い始めました。

アアアアアアアアギャアアアアアアニャガアアア
ギャー なにすんだっ。
オレの手をひっぱんなっ
さわんなっつーの。
おいっ、きいてんのか！
ーーーーーーファニニニニニニニニニニ
やめろっつーの！
アニャアアアアーーーーーーー
ヤメデクデー!!

しかし、先生は何食わぬ顔で冷静にネコさんの点滴を完了し、管を固定するため腕にテープをぐるぐる巻きに。

「（お、おみごと！）」

「さ、じゃ、お部屋（たぶんケージの中）に行きましょうね」
ネコさんは、すっかりおとなしくなり、看護師のお姉さんに抱かれ奥の部屋へと連れて行かれました。

その後５時になり、お迎えに再度病院へ。

「ネコさん、ご飯食べてくれましたよ」
と笑顔の先生。

と、そこへネコさん、点滴を装着したまま登場。

「う～ん、点滴は300cc弱、ですか。
これだけ体内に入れば十分です」
と、先生が看護師のお姉さんにネコさんを押さえるように指示して、点滴の装置を外そうとネコさんの手を握った瞬間、

「ウガアアアアアアアアギャアアアアアアアアアニャアアアガアアアアアアアアアアアーーーーーーオゥーーーーーーーーーーー、ファ＝＝＝＝＝＝＝＝＝＝＝（訳省略）」

外している間中も、先生に牙をむき叫びまくっていたネコさん。
「（これだけ元気なら心配なかろう）」

その場にいた人は、全員そう思ったにちがいないでしょう。

オレの敵

日曜日の朝、“あいつ”が
またやって来た。

ガーガー
うるさいんだよ。

“あいつ”は、ニョロニョロ
とした長い首をして本当に
ブサイクなやつなんだ。

うわっ！　こっちに近づいてきた！
こんなやつをオレの縄張りの中にの
さばらせていてはいけないっ！

オレは今日も平和のためにたたかう
ぞっ！

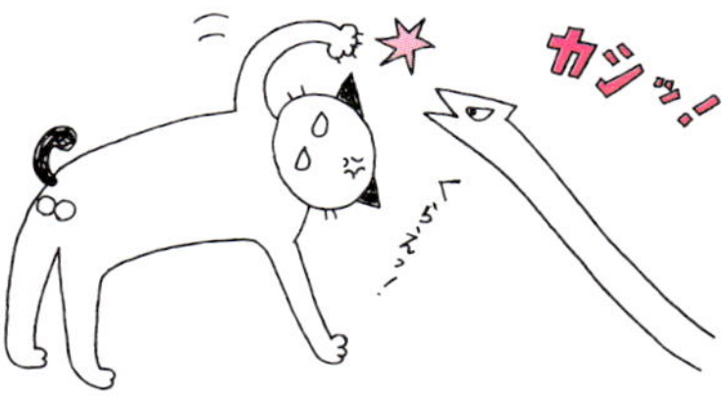

ネコパンチだっ！

連続ネコパンチっ！

ガブッ！
噛みついてやるっ！

ネコキック！
これでもかっ！

よーしこれだけ痛めつけたら“あいつ”も逃げ出すはずさっ！

あれれっ？ “あいつ”は、まだ元気だぞ！
こっちへやって来る！
ひとまず退散だ～。

恐るべきオレの敵・・・
今日はこのへんでやめておいてやるが
次は必ず倒してやるからなっ。

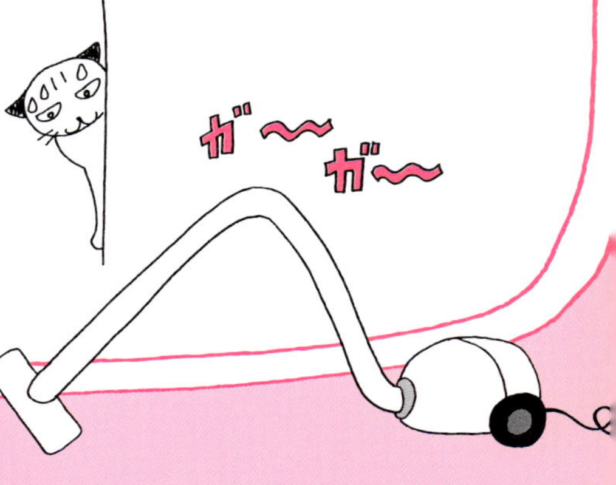

ここらでちょっともづくろい♥

一本の矢だと……

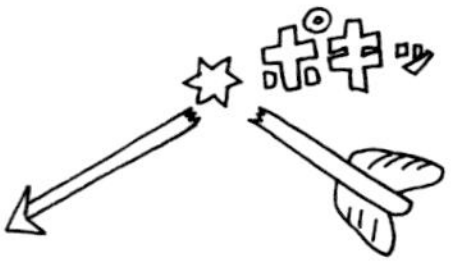

かんたんに折れてしまいますが……

三匹のネコさん矢だと

……折る気がなくなります

……かわいい♡

冬

Winter

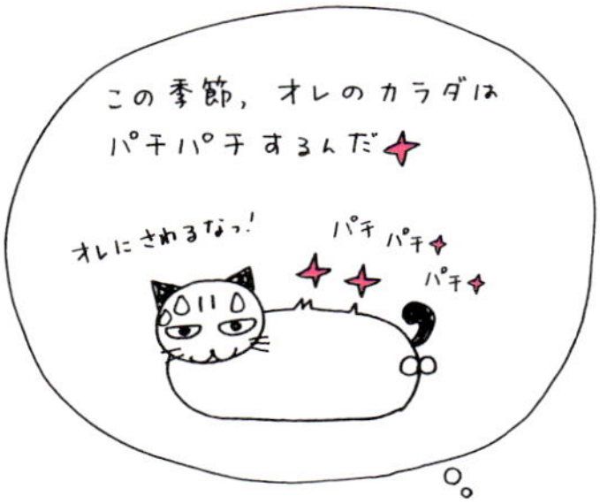
この季節，オレのカラダは
パチパチするんだ
オレにさわるなっ！
パチ パチ
パチ

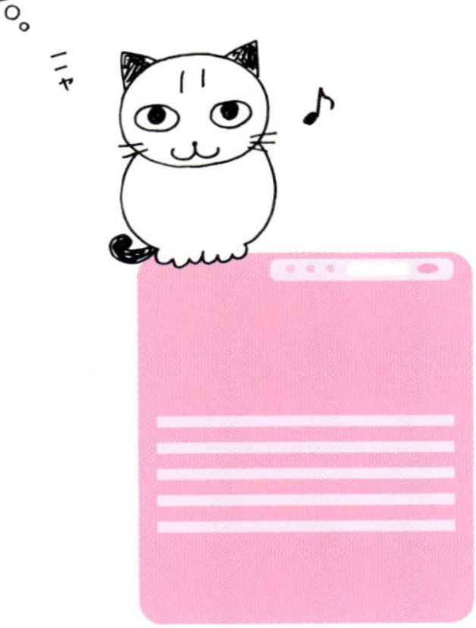
ニャ

【12月14日】

ネコさんの防衛

オ、オレは、いまじゅくすいをしているんだ。

からだをぎゅってまるめて、うしろあしにあたまをうずめて、いきをふか～くすって・・・・・・・
よっし！　かんぺき。

これでだれがみても、オレはじゅくすいをしているとおもうことだろう。

あのまるのなかのみじかいはりが、ネコダルマじゃなくって・・・・・ゆきだるまみたいなところにいて、ながいはりがえんとつとアヒルのところにくるとキケンなんだ。

このところ、まるのなかのはりがそこにくると、くちのなかにへんなちゃいろのみずをいれられるんだニャ。

そのちゃいろのみずってゲキマズ〜なんだよ！

どんなににげてもあばれても、つかまえられておさえられてくちのなかにいれられるんだっ！

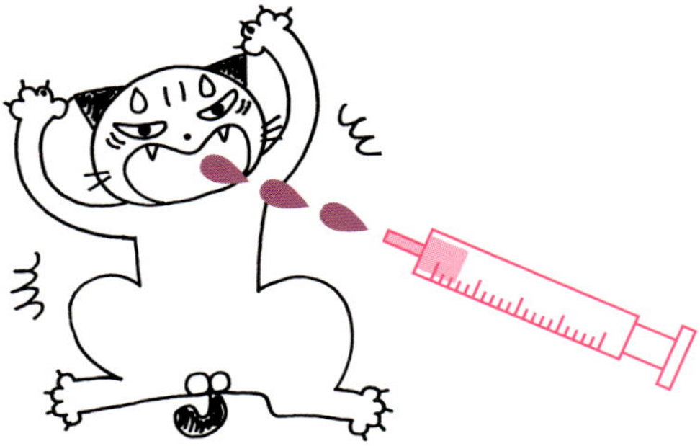

でもね！
じゅくすいをしているときはあんぜんなんだ。

じゅくすいをしているときは、そっとしておいても
らえるんだよ。
いいほうほうかんがえたでしょ？

おっといけない！
こんやもじゅくすいしたふりしなきゃ・・・・・・・・・・

Zzz　Zzz　Zzz　Zzz　Zzz　Zzz　Zzz　Zzz

秋にネコさんは初めて風邪をひきました。

動物病院に通院して大騒ぎだったのですが、12月になって、再びネコさんはほんの少し鼻水を出していたのです！

今冷静になって考えてみると、それは本当に超微量だったのですが、点滴のための通院大騒動の記憶が一気によみがえり、動物病院に直行。

「せ、っ先生！
ネコさんが鼻水をたらしているのです。
まさか、か、か、風邪再発ですかっ？」

先生は、ネコさんのお腹をさわったり、いろいろ調べています。

「う～ん、鼻水の量は心配するほどのものではないですね。
おそらく急に気温が下がったのでほんの少しにじんだのかもしれません。
今のところ平熱だし、風邪ではないようですよ」

「ほ、ほんとうですかっ？
でも先生、これからも寒さは続きそうだし、風邪をひかせない方法って何かありませんか？」

先日のネコさんの風邪がすっかりネコウマ、じゃないトラウマになっているため思わず質問。

「部屋をなるべく暖かくしてあげることが一番です。
それと、もし風邪が心配なら、免疫力を強くするといいかもしれないですね。
免疫力を強くするための漢方薬もありますよ」

「せ、先生っ！　ぜひ処方してください！」
・・・・・・・と、こういった流れで、ネコさんは、初めて漢方薬を飲まされることに。

毎晩８時がネコさんの漢方タイム。

粉薬の漢方薬を水に溶かして針のない注射器でネコさんの口の中に入れます。

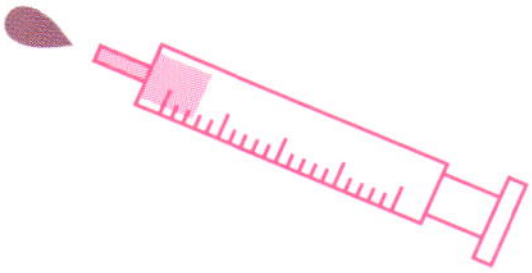

漢方薬があまりおいしくないのでしょう。
薬を入れられたネコさんはいつもびっくりして固まっていました。

漢方薬をあげ始めて１週間が経った頃、ネコさんは漢方タイムの夜８時になると、自分のベッドに入ってぐっすり眠るようになったのです。

「熟睡しているネコさんをむりやり起こしちゃ、かわいそう・・・・・」
そう思ってネコさんが起きるのを根気よく待っていました。

ネコさんはいつも９時過ぎまで丸まったまま。

結局、
「もう～、これ以上まてないわっ！」
と起こして、漢方薬をあげていました。

しかし！
先日、ぐっすりと丸まって熟睡しているネコさんをそっとのぞいて見てみると、ネコさんはうっすら目を開けていたのですっ！！！！！！！！！！！

そのうす目は、いわゆるネコさんが本当に熟睡した時に開いてしまう半開きモードではなく、明らかにこちらの気配をうかがっている目でしたっ！

「ネコさんの狸寝入り⁉」

びっくりしたと同時に、すっかりだまされてしまったことに、ネコさんに対して敗北感を感じた初冬の思い出です。

「もうだまされないぞっ」

【12月24日】

ネコさんのクリスマスイブ（ネコリマスイブ）

今夜はクリスマスイブです。
（勝手に名づけてネコリマスイブ）
お家の中のぬくぬくネコさん。
ノリで買ったケーキに目もくれなかったネコさん。

さてさてネコリマスのこの時期、気温が低くなるとともに空気の乾燥に悩まされます。

昨年は、お手製のなんちゃって“加湿器”を設置していたのですが、

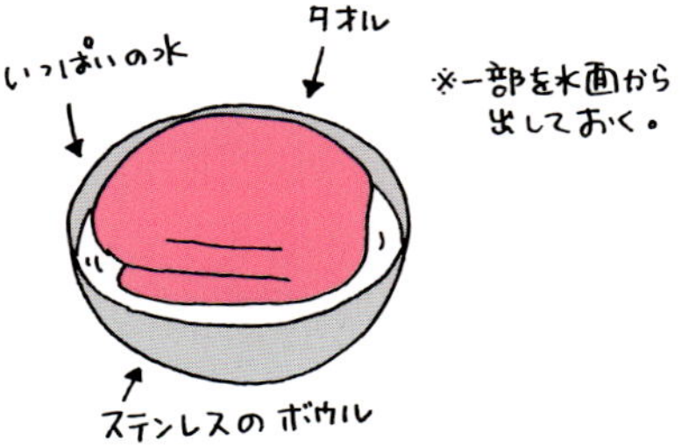

（キッチン用のステンレスのボウルに水をなみなみと入れて中にフェイスタオルを沈めたもの）

こんな惨事や

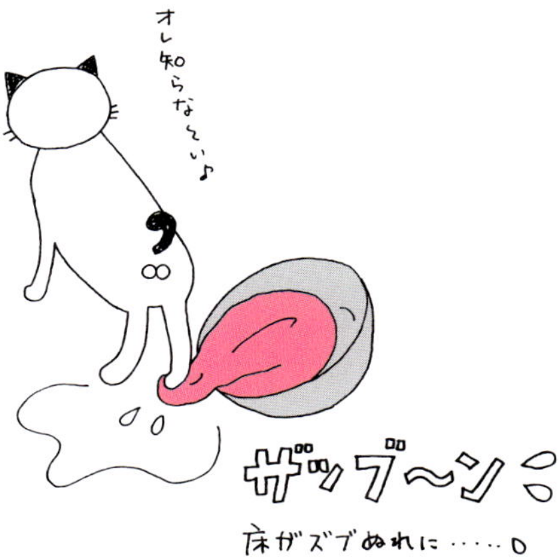
オレ知らな〜い♪
ザッブ〜ン
床がズブぬれに……。

こんな事故、

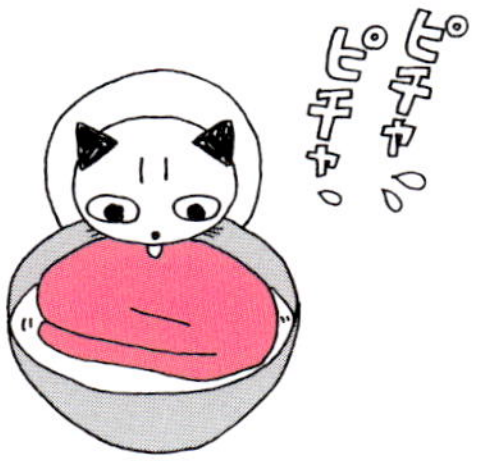
ピチャ ピチャ

こんなまちがい・・・・・・・などもあって

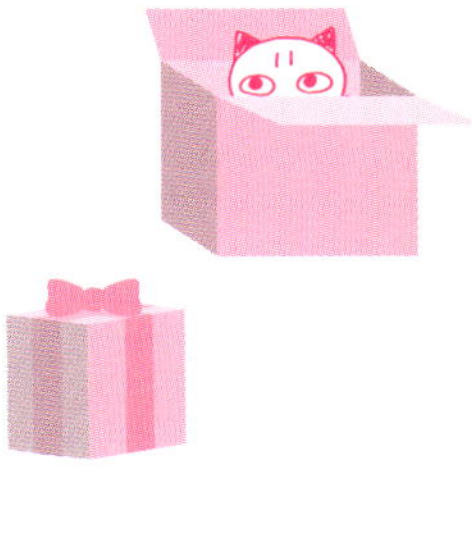

今年は思い切って正真正銘の“加湿器”を購入いたしました。

じゃ～ん！

もくもくと白い蒸気を出すわが家のニューアイテムは、早速ネコさんの好奇心のアンテナを刺激したようです。

くんくんくんくん・・・・・

まずはニオイチェック。

まわりをぐるりと回ってみたり、

白い蒸気の出てくる穴を見たり、

こんなことしたり、

水蒸気の中に顔を
うずめるネコさん…♪
あんた どっかの演歌歌手か？

あんなことしたりして・・・・・・

結局、ネコさんと“加湿器”のからみは、ほんの数分で終わりました。
新しいもの好きで飽きっぽいネコさんの性格が垣間見えたネコリマスの夜でした。

メリーネコリマス！

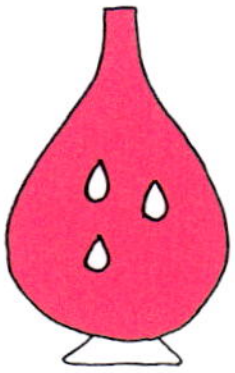

ネコさんのひとりごと
忙しいって何？

うおぉぉぉぉ・・・・・もう12月も終盤になっているではありませんか。

ナンだかこのごろニンゲンは、

「忙しい、忙しい　・・・・・」
と毎日言って外に飛び出して行くんだけど・・・・・

ふ～ん、“忙しい”のかあ。

ところで“忙しい”ってナンなのかな？

こんなのかな？

こりゃ、たいへんだっ！

ニンゲンは忙しい時

「急がなきゃっ」
って言ってるけど、それってこんな状態なのかしら？

た、たしかに大急ぎだ。

ニンゲンは忙しい時

「はっきり方向性を決めないといけないのに、迷ってしまう」
って言うことがあるけど、それってこんな場面なのかなあ。

そりゃ、迷うよね～。

ニンゲンは忙しい時

「わぁ～午後から打ち合わせがビッシリつまってる～
今日もたくさんの人と会うことになりそう～」
って焦っていることがあるけど、それってこんな状態なのかなあ。

こりゃ忙しいのもいいじゃない～。

とにかくニンゲンは外からヘトヘトに疲れて帰ってくるんだよね。
で、オレを見ると顔をフニャフニャにさせて
「ネコさん、ただいま〜。
今日も疲れたよーーーーーー。
エネルギー充電させて〜」
って言いながら、ギュ〜って抱っこするんだよ。
抱っこでエネルギー充電だって？
オレって充電器？
ニンゲンいわく、オレを抱っこすると疲れた身も心もユルんでリラックスできるんだってさ。
まっ、オレも気持ちいいからさ、いつでも充電してやるゼッ❤
ニンゲンって世話がやけるよね、まったく。

ネコエコ

“ネコエコ”とは・・・・・・・、

その名の通りネコさんとの共存でつくるエコのこと。

地球にやさしいネコさんなのでした・・・

寒い朝のトイレタイムは、ネコさんを抱っこしてヒーターいらず。

ソファでくつろぐ時も
ネコさんをひざにのせ
ればエアコンは不要。

夜寝る時もネコさんと一緒だったら
電気毛布はいりません。

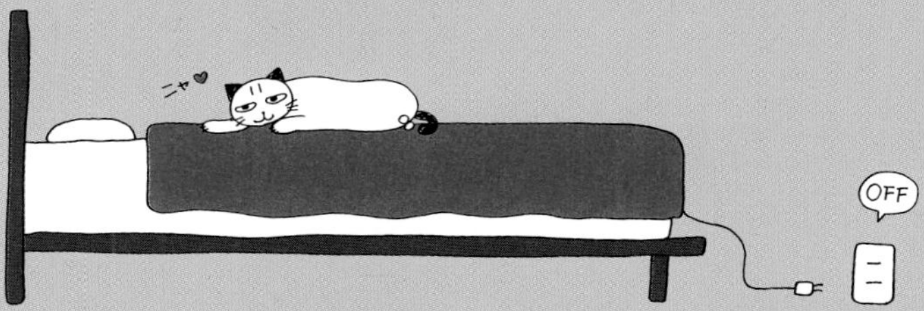

Cat Legend
ネコ伝説

ちまたで話題になっている都市伝説。
まことしやかな現代の言い伝え。

今回は、その完全ネコさん版をご紹介します。

その名もネコ伝説。
身も心も凍りつくような(？)伝説の数々を、独断と偏見で
むりやり編集しています。

【食べ物ネコ伝説】
ネコさんのウン★を見た後30分は、かりんとうが食べられなくなる。

【夢ネコ伝説】
ネコさんを寝る前に5分間抱っこするとよい夢を見る。

【遭遇ネコ伝説】
外出した時、3匹以上のネコさんに会うとよいことが起こる。

【ごめんねネコ伝説】

誰かをメチャクチャ怒らせてしまった時、ネコさんを抱っこして謝りに行くと許してもらえる。

【気合いネコ伝説】

ネコさんがやる気のない日の翌朝は雨である。

【金曜日夜ネコ伝説】

金曜日の深夜にネコさんが激しく鳴くと、次の日の朝、宅配便が届くが、まだ休日モードでパジャマ姿のため出るに出られない。

【つめかえネコ伝説】

ネコさんがじっと見ている前で、つめかえ式のシャンプーや石けんなどを容器に入れると必ずこぼす。

【箱ネコ伝説】

無造作に開けた段ボールなどの箱にネコさんが入ってきた時、中でオ★ッコしたいという気持ちに一瞬なるが、がまんしている確率は80%である。

【新聞ネコ伝説】

広げた新聞の上にのっかるネコさんは、実は記事を読んでいる。

【緊張ネコ伝説】

たくさんの人の前で何かしなくちゃいけない時、手のひらに指で『ネコ』と書いて飲み込むと猛烈にユルむ。

【くるくるネコ伝説】

しっぽがくるくる曲がったネコさんと暮らすと、お金持ちになれるかもしれないという妄想が止まらなくなる。

【惑星ネコ伝説】

ネコさんが夜空をじっと見つめている時、その視線の先には『ネコの惑星』があるらしい。
（ネコリン星？）

【宅配便ネコ伝説】

クロネコヤ★トより佐★急便のドライバーさんの方がネコ好きが多い。

【車ネコ伝説】

ネコさんは駐車場に数台車がとまっている時、ベン★やＢＭ★などのような高級車のボンネットに好んでのる。

高級車のボンネットの先方にネコさんがのっていると、その車はなんだか新しいデザインのロールスロ★スに見える。

【情報ネコ伝説（その1）】
外のネコさんの前で人のうわさ話をすると、翌日には周辺に暮らすネコさん全員がそのうわさを知っている。

【情報ネコ伝説（その2）】
家の中で物をなくした時、ネコさんだけはそのありかを知っている。

【真実の言葉ネコ伝説】
ネコさんが熟睡している時に言った寝言は、ネコさんが思わず口にしてしまった本音である。

【お笑いネコ伝説（その1）】

ネコさんと目があった時、すぐに目をそらされた人は、ネコさんにとってかなり笑える顔をしている･･･らしい。

【お笑いネコ伝説（その2）】

ニンゲンがギャグを言うと、ネコさんは顔には出さないが、そのギャグをきっちりジャッジしている。

【走るネコ伝説】

外で走っているネコさんを見かけたら、近い将来急がなくてはならない事態がやってくる。

Cat Legend

【ことわざネコ伝説（その1）】

“ネコは口ほどにものを言う”

ネコさんは、目つきで気持ちを相手に伝えることができる。

【ことわざネコ伝説（その2）】

“ネコは寝て待て”

ネコさんはそのうち自然とやって来るから、気長に待つべきだという事。

【ことわざネコ伝説（その3）】

“笑う門にはネコ来る”

いつもにこにこしていると自然にネコさんがやって来る。

【ことわざネコ伝説（その4）】

“ネコは身を助ける”

ネコさんが気持ちを潤し生活を豊かにしてくれる。

【ことわざネコ伝説（その5）】

“ネコは鎹（かすがい）”

ネコさんに対する愛情のおかげで、夫婦間の縁が深まり仲が保たれる。

【名前ネコ伝説】

名前の一部に『ネコ』という言葉が入っている人は
ネコ好きだ。

例）ミ**ネコ**　←　母の名前です☺

　ミ**ネコ**ウタ（峰広太）
　ヤマ**ネコ**ウイチ（山根光一）
　ソ**ネコ**ウスケ（曽根康祐）
　アレクセイ・マーレ**ネコ**ビッチ

※上記の名前は、例作成のため、テキトーに考えつ
　いたもので、個人情報的には問題ありません。

【ウフフネコ伝説】

ネコさんが暮らす家は、幸福になる❤

ここらで
ちょっと
もづくろい
ぺろぺろ

ネコ正月

新しい年になりました。
明けましてネコめでとうございます。
Neko-san wishes your happy new year!

大晦日、新年と浮かれたり、いろんな準備などであわただしく過ごす日本人とはうらはらに、ネコさんはまったくいつもと変わらないようすでした。

午前0時。
新年の幕開け！

ネコさんに
「明けましてネコめでとう～」

「・・・・・・・」（だまってこちらをじっと見ています）

そう、いつもネコさんは超マイペース。

そんなネコさんの生き方から、時々、なるほど！　と学ぶことがあります。

たたかう時は武器を使いません。

だから人の・・・・・いや、他のネコさんの
痛みも知っているんです。

上がったり下がったりしているけど、それが何？

身近にワクワクすることがいっぱい！

新聞くらいは読んでおこう…

いっぱい勉強して

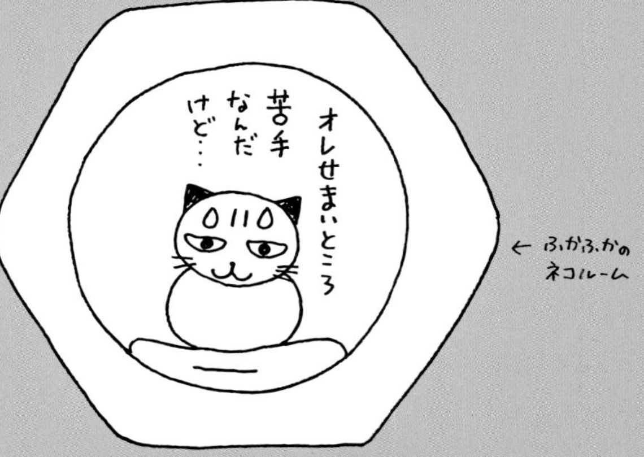
オレせまいところ苦手なんだけど…
ふかふかのネコルーム

家のネコさん

ダンボール
近所のボランティアさんが作った家

外のネコさん

小さいけど
屋根があるお家に住めて

「毎日ごはんがおいしい！」

それだけでしあわせです。

スミ
元旦

【1月7日】
炸裂っ！　ネコビーム

今年は、お正月に大寒波が来て1月1日のお昼頃大雪が降ったものの、積もることなく、日差しの暖かな新年です。

毎年この季節、ネコさんはなぜか戦闘モードになるのです。

別に
『シャーッ』
と声を荒げ、爪を立てて襲ってくるわけではありません。

ネコさんが、オ★ッコで攻撃をしかけてくるようになるのです。

その名も“ネコビーム”。

『ピシューーーーーーーー』
とネコさんが、ものすごい勢いでひっかけまわす、
オ★ッコのことです。

この“ネコビーム”は、普通のオ★ッコとちがって、
１回の放射ですべて出しちゃうわけではなく、ちょ
こっとずつ小分けにして何発も

『ピシューーーーーーーー』
と、連射することのできる恐るべきネコ兵器？　な
のです。

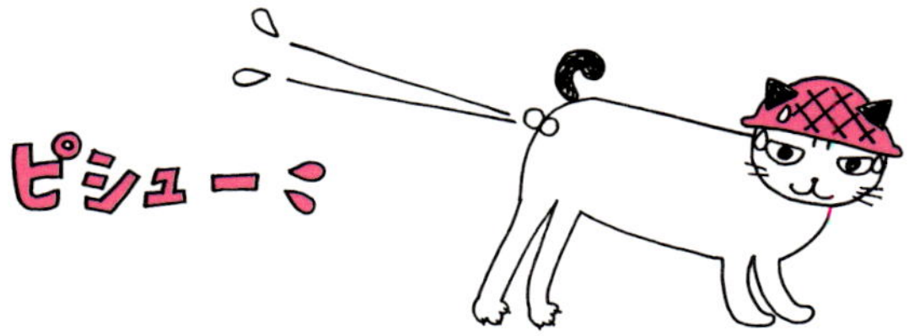

朝７時、

『ピシューーーーーーーー』
枕元で不穏な音が聞こえました。

「うぅん・・・・・・・もう少し寝かせて・・・・・・・」
とつぶやいた次の瞬間！

（ぶうっぅぅぅぅぅぅぅぅ～ん）
とキョーレツなニオイが鼻を直撃。

「（ふんがー、た、たまらんっ！　どこが攻撃されたの？？）」

ネコさんの“ネコビーム”は、窓のブラインドを直撃。ブラインドの傾斜にそってしたたり落ちるしずくは、朝日を浴びて金色に輝いています。

「きれい✨」
ってそんなこと言える余裕などありません！

「は、早くなんとかしなくちゃ！　く、臭っ〜！」

洗面所からかわいたぞうきん２枚、スプレー掃除洗剤とバケツに水を入れて階段を駆け上がり、

乾拭き　→　乾拭き　→　スプレー掃除洗剤噴射　→　ぬれぞうきん →　スプレー掃除洗剤再噴射　→　ぬれぞうきん　→　ぬれぞうきん

そして仕上げのニオイ消しスプレー散布、という手順でなんとか現場は復旧したのでした。

「ふぅ・・・・・やっときれいになったわ・・・・・・・・・」
とため息をついている矢先、

『ピシューーーーーーーー」
再び攻撃の音がっ。
今度は１階玄関の方です。

「や、やられたっ」
あわてて玄関へ走ると、
そこには、勢いよく“ネコビーム”を玄関ドアに発射し終わった直後のネコさんが、足をふんばり、満足そうにこちらを見ています。

ネコさんの足下では小さな水たまりになった金色の液体が、朝日に照らされて円を描いています。

「(ふふ、一足おそかったようだね)」←想像です。
ネコさんは、“ネコビーム”発射体制から力をゆるめ、朝ご飯を食べに台所の方へ悠然と歩いていきました。

「ひゃ〜。そ、掃除しなきゃっ」
ふと我に帰り、“ネコビーム”撤去作業再び開始。

しかし意外にもこの季節、家の窓やドアの周辺は毎日丹念に掃除がなされるため、1年で一番家の中がきれいに保たれているのでした。

これってネコの功名？

【1月20日】

病院の待合室におけるネコまたは犬などの飼い主に見られる顕著な行動の特性とその独断法則

今回のタイトルは、学会のレポート風にしてみました。（ながっ）

第3255回 ネコ学会
レジュメ
～テーマ～
病院の待合室における
ネコまたは犬などの飼い主に
見られる顕著な行動の
特性とその独断法則
ネコネコ大学ネコ学部ネコ科

ちょっと前にネコさんが風邪をひいて、病院のハシゴをしたことがありました。

初めは近所の病院に通院していたのですが、静脈点滴の治療を受けるためにタクシーで遠くの病院にかけこんだのでした。

待合室でじ〜っと待っている間、何もすることがないので、病院に来ているいろんなネコさん犬さんと飼い主さんの姿を何気なく見ていました。

２つの病院へ行くと、立地や病院のちがいからか、明らかなる特徴が見えてきました。
どちらの病院も昨今のペットブームの影響で満員、待合室は椅子に座れない飼い主さんたちでひしめきあっていました。

お出かけのときは
いつもリュック♡
病院には
あまり
行きたくないニャ…

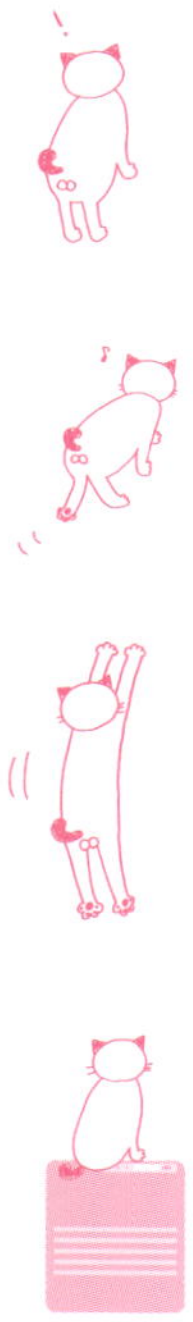

最初に行った病院は都心に近い場所にあり、マンションの１階にありました。

ここは、動物は何でもウエルカムのようで、ネコ、犬以外にもフェレットやうさぎ、カメなど、待合室で出会った動物たちも種類が豊富でした。

しかしもっとも顕著な特徴と言えば、飼い主さんのネイル！

待合室にはかなり気合いの入ったスカルプチュアなどピカッピカのネイル✦✦の装飾を施した女性が数人順番を待っていました。

「こんな爪してて、ペットを傷つけたりしないのかな。
っやや！　ひょっとしたらこの爪でペットを怪我させちゃってここに来たのかもっ（←暇なので妄想が止まりませんっ）」

彼女たちは、茶髪のゆるふわ縦ロール系ロングヘアにおしゃれなＪ★、Ｃａ★Ｃａｍ風のファッション、原型がわからないほど厚く塗られたアイラインにまつげエクステで覆われた目元でメイクもばっちり！

病院の待合室とは思えないほど気合いの入った艶姿？　なのでした。

待合室のネイル女（←勝手にネーミング）は、ほぼ100％が左の肩にペットを入れたショルダーバッグを抱え、右手の親指を超高速に動かして携帯メールをしていました。

座っているネイル女は足を組み、立っているネイル女は頭ごと壁に寄っかかり片足を軸足に交差させて体を斜めにしていました。

そして、ネイル女たちのペットは100％の確率で犬さんでした！

その８割がチワワ、残りはミニチュアダックス。

彼女たちの犬さんは、みんな赤ちゃんか子どものようでした。

全員がほとんど同じに見えるネイル女の“ちがい”といえば、1人で来ているか、男連れかでした。

全体で見てもこの病院には犬さんが8割、そのうちの90%が小型犬でした。

待合室では、待っている飼い主さんたちがおしゃべりすることもなく、音楽が静かに流れていました♪

2軒目に行った病院は、都心から離れた場所にあります。
ここは犬猫専門の病院です。

「まあ、ネコさん！　どこがわるいのぉ？」
待合室で座れず立っていると、背後から声をかけられました。

そこには、柴犬風の犬さんを連れたおばさまが立っています

犬さんは、なんだか別の動物に思えるほど丸まると太っていました。
おばさまも犬さんと同じ体型でした。

「ちょっと、風邪ひいたんです」
返事をすると、

「まぁあああ、大変ね。
うちのマメちゃん（多分犬さんの名前）はねえ、毛が抜けてきたんよ。

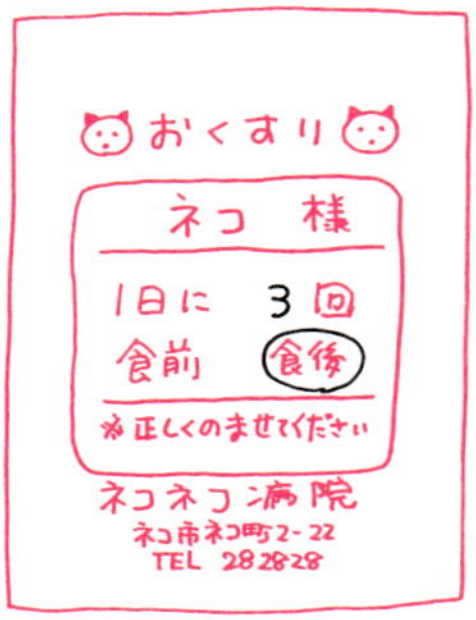

そいでね、あわててここに連れてきたんだけど、ご飯はねぇ、いつも通りたくさん食べるのよぉ。もう、朝から（ご飯を）くれくれって、うるさいったらありゃしない、でねぇ・・・・・・・・・・・・・・・・・・・・・・・」

大きな声でニコニコしながら語るおばさまのお話は、その後、犬さんとの出会いから家族構成、これまであった犬さんのおもしろエピソードなどあちらこちらに転換していって、かなりの長編でした。

まわりを見ると、ここは飼い主さん同士がなかよくお話していて、なんだかわきあいあいとしたムード。

ミックスネコさんを連れてきた小学生の男の子とお母さん、マルチーズを大切に抱っこして連れている年配のご夫婦。

ひざの上にのせたカゴの中で気配を消しておびえているネコさんの飼い主の30代くらいの男性に、心配そうに声をかけている白いスピッツ系の小型犬さんを手にしたおばさま。
薬だけ受け取りにきて、受付の病院スタッフと親しげに談笑するおじさま。

待合室はアットホームな雰囲気に包まれていました。

ネコさんと犬さんの割合はほぼ半分。
どちらの病院でも1時間以上待たされたのでしたが、こちらの病院では、なぜか時が経つのがあっという間でした。

所変われば動物病院も変わる・・・・・そう思えた1月の思い出です。

ここらで
ちょっと
毛づくろい

ある日の動物病院における飼い主の徹底比較

※筆者目視観察独断推測

動物の種類比較

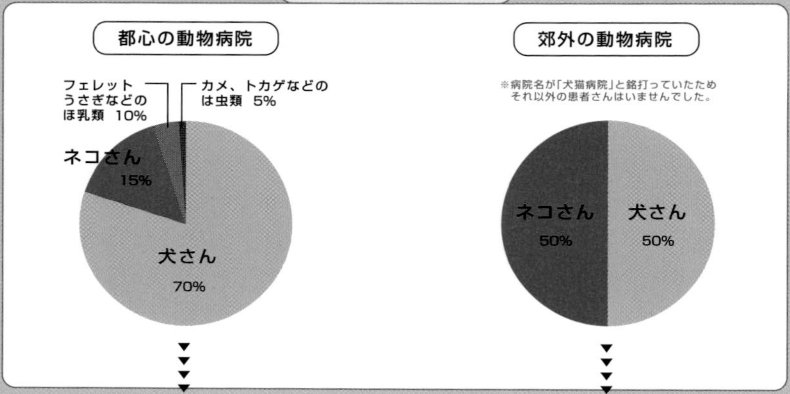
都心の動物病院
フェレット
うさぎなどの
ほ乳類 10%
カメ、トカゲなどの
は虫類 5%
ネコさん
15%
犬さん
70%
郊外の動物病院
※病院名が「犬猫病院」と銘打っていたため
それ以外の患者さんはいませんでした。
ネコさん
50%
犬さん
50%

飼い主の分析

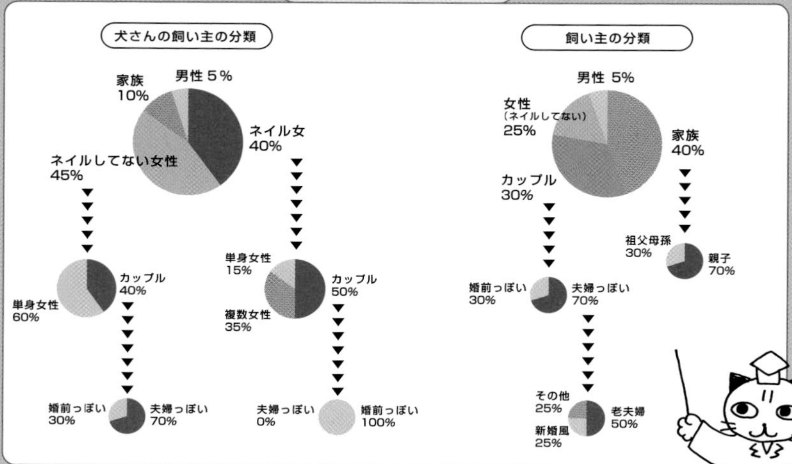
犬さんの飼い主の分類
家族
10%
男性 5%
ネイル女
40%
ネイルしてない女性
45%
カップル
40%
単身女性
60%
婚前っぽい
30%
夫婦っぽい
70%
単身女性
15%
カップル
50%
複数女性
35%
夫婦っぽい
0%
婚前っぽい
100%
飼い主の分類
男性 5%
女性
(ネイルしてない)
25%
家族
40%
カップル
30%
祖父母孫
30%
親子
70%
婚前っぽい
30%
夫婦っぽい
70%
その他
25%
老夫婦
50%
新婚風
25%

ネコさんは病院が（かなり）苦手!?

おでかけニャン♪

リュックタイプのネコキャリーバッグ

お出かけの時はウキウキ身をのり出して先を行こうとするネコさんですが・・・

出るもんか…
ぜったい出るもんか!

病院への道のりと気がついたとたんバッグの奥深くに身を潜めるのでした。

ヘァ〜〜

病院の診察台の上では、先生を威嚇したり・・・

コソコソ…

こっそり逃げようとして

パッ!
オレはここにいません!

気配を消しているネコさん

自らとっととバッグの中に入っていくネコさんでした。

祝
1月26日
誕生日

ハッピーネコバースデー♥

今日はネコさんの誕生日、ケーキでお祝いです。
ろうそくの炎を怖がるネコさんの手足の指は、ぱ〜っと開いています。

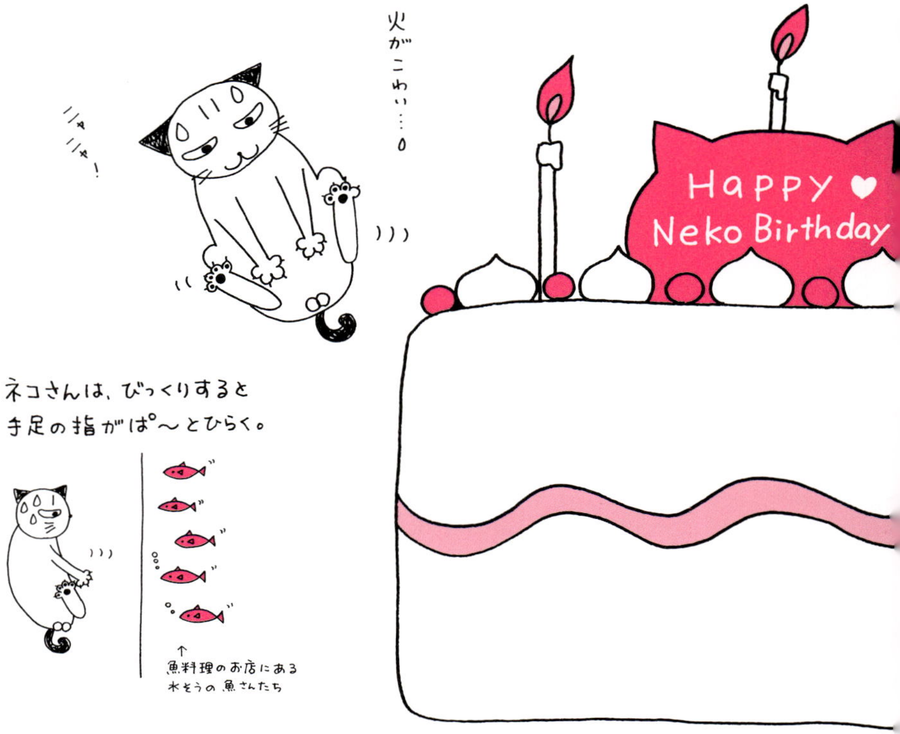
火がこわい…。
ニャ ニャ！
Happy♥
Neko Birthday
ネコさんは、びっくりすると
手足の指がぱ〜とひらく。
↑
魚料理のお店にある
水そうの魚さんたち

ネコさんをおちつかせる方法

ネコネコ♥
スーパー

その1

スーパーの袋に入ると
なぜかおとなしくなる
ネコさん。
そのまま高いところに
吊るすと満足気です。

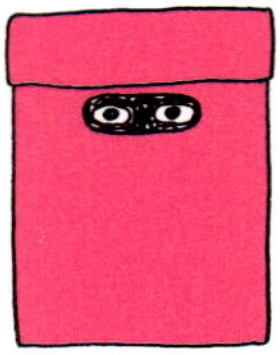

その2

箱に入ると冷静に
なるネコさん。
フタを閉めるとより
安心するらしい。

きねんさつえい ネコさんの不思議

カシャ!
Camera

Movie

ムービーで録るとき

ぜんぜん動かない…。
しかたないので
カメラを動かしてみる…。
Movie
ニャンとも鳴かず、
まばたきひとつしない…。
動くカメラを無視

Camera

写真を撮るとき

ペロペロ…
くんくん
毛づくろいしたり…。
カメラのニオイ チェック…。

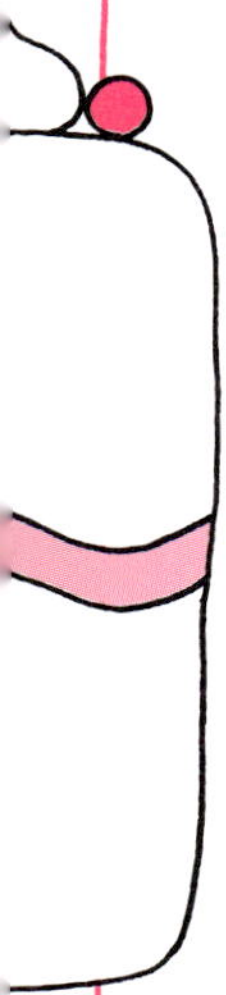

誕生日の記念撮影です。
動画のカメラを向けるとちっとも動かないのに、
静止画像を撮影しようとするとちょこちょこ動き
回るネコさんに、記念撮影は難航します。
わかってやっているとしか思えないネコ技・・・・!?

スクスク成長し、元気で誕生日を迎えられるのは、
何よりのプレゼントです。
ありがとう♥ネコさん。

Camera
ひょい

ちっとも じっとしていない…。

ここらで
ちょっと
毛づくろい♥

ぺろぺろ

ネコさんも豆まき。

ネコ節分

ネコは〜 そと。

ネコは〜 うち。

オレのは黒豆にゃ。
福

ネコさんの肉球は お豆みたい♥

2月3日、節分の日はネコさんもいっしょに豆まきします。
家のネコさんは、無表情のまま、むりやり豆まきにつきあっていますが、外のネコさんたちは飛んでくる豆に大はしゃぎ。

パラッ パラッ
ニャー
ニャー
ニャー
〜♪
ニ3
ニ3
ニ3

【2月22日(ネコの日)】

今わかったネコさんの気持ち

今日はネコの日でした。
そのネコの日にネコさんの気持ちがわかる不思議な体験？　をしたのです。

朝から喉の奥がひりひりして、夕方「こりゃ、たまらんっ」状態にまで悪化したため近所の医院へ。
（今回はネコさんではなく、ニンゲンの喉がやられました。※念のため）

「血液検査をしましょう」

眼鏡をかけ、座っている椅子の安否が心配になるくらいふくよかな男の先生は、胸の音と脈拍を測った後、言いました。

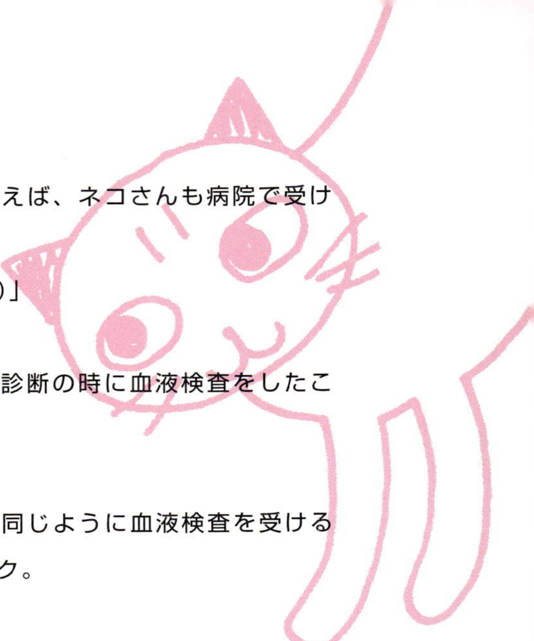

「（おっ！血液検査と言えば、ネコさんも病院で受けていたわ。
ネコさんと同じだぁ❤）」

ネコさんは以前、健康診断の時に血液検査をしたことがありました。

不謹慎にもネコさんと同じように血液検査を受けることにちょっとワクワク。

ネコさんが受けた血液検査は、白血球、赤血球、血小板など理科の時間に一度は聞いたことのあるおなじみの血液成分から、ALT、PCV、MCH、ASTのようにどこかのプロレス団体かエステティックサロンの名前のような項目が20から30まであって、

「ふふ～ん、最近の医学はネコさんの世界でもかなり進歩したもんだ！」
と感心したものでした。

「あら一、これは白血球がけっこう増えているね。
扁桃腺がかなり腫れているから、これから高熱が出ると思うので安静にしておいてください」

「（!!）」

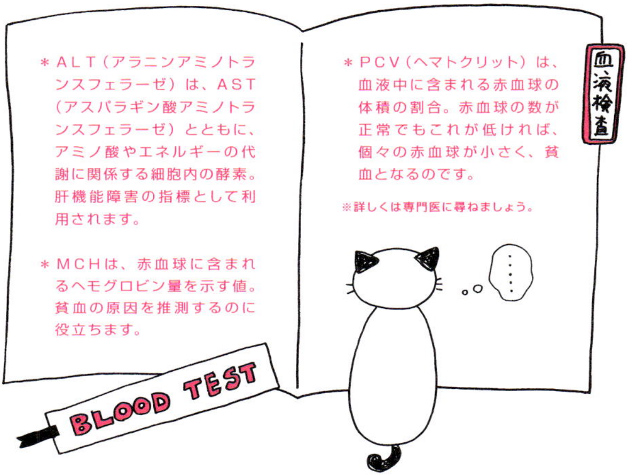
＊ALT（アラニンアミノトランスフェラーゼ）は、AST（アスパラギン酸アミノトランスフェラーゼ）とともに、アミノ酸やエネルギーの代謝に関係する細胞内の酵素。肝機能障害の指標として利用されます。
＊MCHは、赤血球に含まれるヘモグロビン量を示す値。貧血の原因を推測するのに役立ちます。
＊PCV（ヘマトクリット）は、血液中に含まれる赤血球の体積の割合。赤血球の数が正常でもこれが低ければ、個々の赤血球が小さく、貧血となるのです。
※詳しくは専門医に尋ねましょう。
血液検査
BLOOD TEST
・・・・・

・・・・・人というのは、同時に2つのことに驚愕することができるものなのですね。

扁桃腺がかなり腫れていてこれから高熱が出るであろうという、先生の予測にも驚きましたが、見せていただいた血液検査の結果に愕然。

血液検査の結果で白血球が増えたからというわけではなくて、その項目が白血球、赤血球、血小板などたったの5つしかなかったことに、

「（ネコさんの検査に比べてシンプルすぎる・・・・・）」と、なんだかネコさんより簡単な検査にがっくし。実は帰ってからネコさんの検査結果と数値を比べてみようと楽しみにしていたものですから。

「今日は点滴をしましょう」
と先生。

「(!?!!　て、点滴といえばネコさんが前に経験したのと同じだ！)」
ネコさんの点滴された姿を思い出してちょっと頬がゆるみます。

あの時、動物病院の先生が、
「この点滴は、最初に針がチクッとするだけで痛くありませんから」
とおっしゃったにも関わらず、ネコさんは点滴の針を装着する間ずっとギャーギャー叫び続けたものでした。

ガチャ、カチャ・・・・・・・
横たわったベッドの横で若い女性の看護師さんが手際よく点滴の準備をしています。
その音を聞きながらベッドの上でじっと待っていると、なんだか不安になってきました。

「い、痛くないですか？」
念のため聞いてみました。

「だいじょ～ぶですよぉ～」

と、こちらを見て微笑みながら答える看護師さん。

「じゃ、そのまま左手をぎゅ～っと握っててくださいね」
看護師さんは洋服の袖を二の腕までめくり、ひじの上にゴムのチューブを巻き、ぎゅーと絞めました。

「（ひょえ、なんだかキョワイ雰囲気）」

看護師さんは、きれいに包装された点滴の針を外に出し、その針をじーっと目視しています。

そのようすを寝ながら息をのんで見ていると、視線に気づいたのか看護師さんはこちらをちらり。
目と目が合いました。

「大丈夫ですよ、ちょっと最初チクッとするだけですから」
あ、あれ？　これってどこかで聞いたセリフだわっ。

と思った瞬間、看護師さんの左手がのびてきて、左腕の関節を動かないようにつかみました。

と、点滴の針が近づいてきます。
「(ヒャア〜ヒャ〜ヒャ〜○×★◎□※☆・・・・・・・・)」

身動きの取れない状態で点滴の針が身体に近づいて、チクッと刺す瞬間の、なんとも凍りつくような恐怖！　キョワ〜。
あぁ、この時初めてネコさんって大げさダァっと思ったことを反省しました。

ネコさんと同じ体験をして身をもってわかったネコさんの気持ち。
それが偶然にもネコの日だったとは。

ネコの日の決意、それは
「これからはネコさんの目線になり、ネコさんの気持ちになって考えよう！」でした。

ネコさんのいたずら

朝食用のメロンパンの
甘い皮だけ食べていた・・・。

買ったばかりのペットフードの袋を
かじって盗み食い・・・。

客人の高級革靴にオ★ッコ・・・。
そのまま履いてしまい大惨事に。

棚の上のモノをとっていたら
急に背中に飛びついてきた
ネコさん・・・・。

ティッシュで深夜の芸術活動。
朝、部屋には白いオブジェによる
インスタレーション作品が出現。

＊インスタレーション
展示する環境も巻き込んで空間ごと作品にしてしまう現代美術の手法。

【2月28日】

ネコ力（ねこりょく）

『ネコさんは身体能力が優れていて、特に平衡感覚がバツグンに発達しているため、両手両足をつかんで仰向けにして手をはなしても、空中で身をくるっと回転させて上手に足から着地します』

家の中から眺める明るい太陽の日差しとは裏腹に、刺すように冷たい北風が吹く日曜の午後、ずいぶん前、何気に耳にした話を思い出しました。

「家のネコさんは、どうかな？」

リビングルームの床暖房の上に敷かれたバラ色のブランケットの上でくつろぐネコさんを横目で見てみました。

「・・・・・・・・（・・；）」

ネコさんはぽかぽかの床の上で仰向けになって寝ています。

体を少しななめによじって両足を広げ、手はバンザイ状態。
目は半開き、うっすらと白目をむいています。
あまりにも緊張感のない姿・・・・・。

「うっ・・・・・今はユルんでいるネコさんだけど、
いざとなれば、やってくれるはず！
起きたら平衡感覚のテストよっ！」

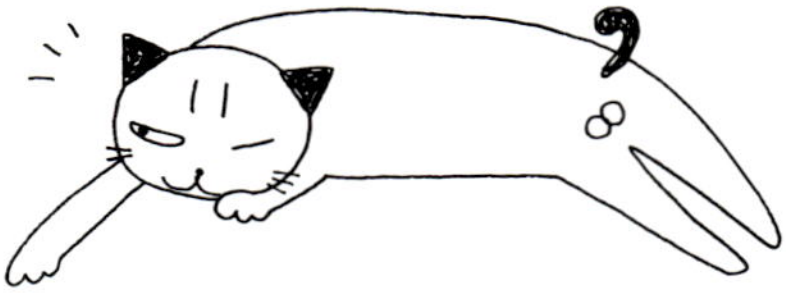

約１時間後、ネコさんはやっと目を覚ましました。

「さっ、ネコさんテストよ」
ネコさんの平衡感覚テストは、万が一のことを考えて、ベッドの上。

念のために何枚も毛布を重ね、どんな状態で落ちても大丈夫なようにしました。

さらにさらに安全のため、落下高度は約70㎝に決定。

卵を落としても割れません（念のため実験してみました）。

「さっ、ネコさんいいかしら？
ちゃんと足から着地するのよ」

両手両足をつかみ、ネコさんを高度70㎝へ持ち上げます。

仰向けになり、空中にいるネコさん、とっても落ち着いています。

緊張するどころか宙に浮いた状態で、いっさい体に力を入れることなく、目もとろ〜んとしています。

「さ、さすがネコさん、余裕だ〜」
手を離しました！

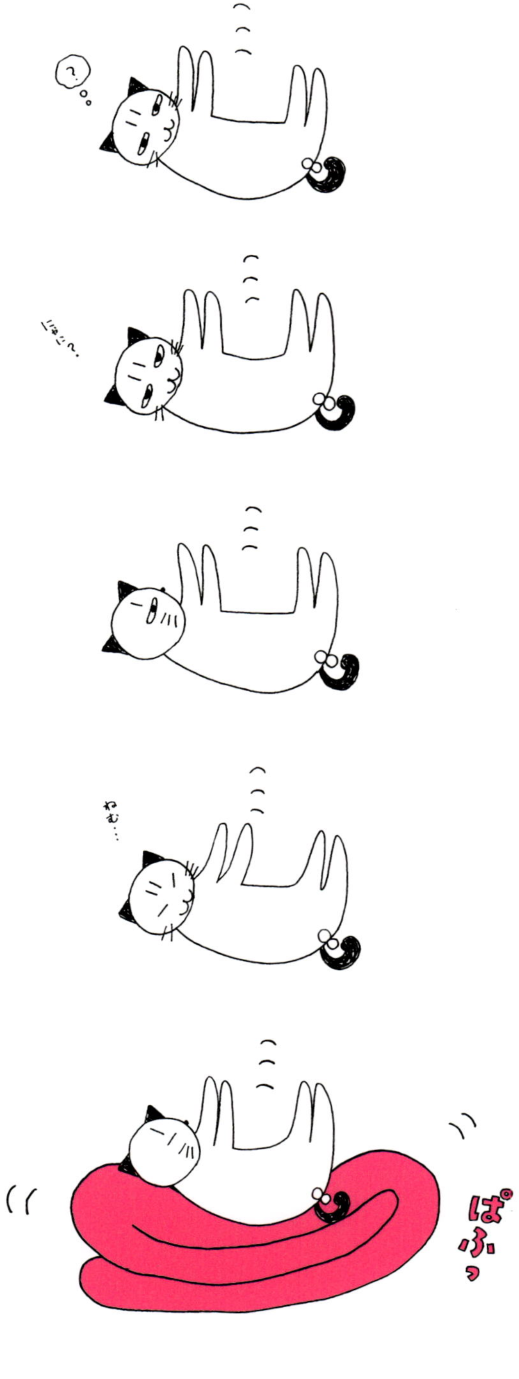
?
にゃに?
ねむ…
ぱふっ

ぱふっ。

「(・・;;;)」
ネコさんはそのまま、背中から毛布の上へ着地。

空中にいる一瞬、ネコさんは回転どころか、まったく体に力を入れるようすもありませんでした。

「ネ、ネコさんっ♥どうして〜？
ネコさん本来の野生の力はどこに行ったの〜？」
ネコさんはふかふかの毛布の上で着地した状態のまま、うとうとし始めました。

そのまま、そこで熟睡してしまったネコさん。

あまりにもよく寝ているので後ろ足の肉球をこちょこちょ人差し指でくすぐってみました。

「（びよ〜ん）」

ネコさんの後ろ足の指はぱ〜っと開きました。

「うふふっ、くすぐったいんだな～♥」

結局ネコさんは、夕食までの３時間半、横たわったまま、時々両手両足を弓のようにそらしてノビをしたりしつつ毛布の上で過ごしたのでした。

「う～ん、ここまでリラックスできるっていうのも、ある意味ものすごいパワーなのかもしれないっ」

昨今のストレスに苦しむ現代社会のことを考えると、このリラックス能力は新しい『ネコ力（ねこりょく）』と言っても過言ではないかも。

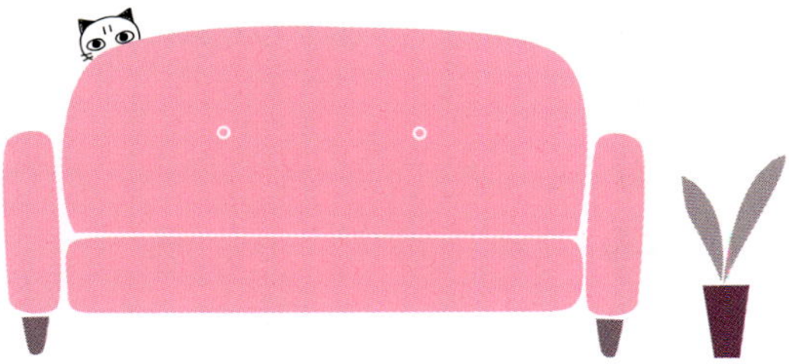

おわりに

春の草木の緑がこんなにみずみずしいこと
初夏の夕焼けが空一面を鮮やかなオレンジ色に染めあげる景色が息をのむほど美しいこと
秋の風が切なくなつかしい香りがすること
冬のお日様が暖かくてやさしい色をしていること…

ネコさんとゆっくり歩くお散歩をしているから知ることができた季節のすばらしさ。
ネコさんといるとまわりのいろんなことがすてきに見えるから不思議。
ネコさんは、日常の些細な瞬間がどんなにしあわせなことなのか気づかせてくれるのです。

生きていることのありがたさ、“いのち”の尊さをそのぬくもりで教えてくれたネコ・・・・・ぎゃぁ～、こうしている間にネコさんたら・・・・・

ネコ憲法

第一条　ネコさんの元《もと》にすべてのニンゲンは、しあわせでなければならない。

第二条　ネコさんをめぐっての争《あらそ》いごとは、何事《なにごと》においても永久《えいきゅう》に放棄《ほうき》すること。

第三条　すべてのネコさんは、ネコさんとして尊重《そんちょう》されること。

ありがとう　大好きだよ♥

まつぼっくり

東京生まれ、福岡在住
グラフィックデザイナー（JAGDA会員）

ネコさんものがたり
2010年2月22日発行

著　者　まつぼっくり
発行人　西俊明
発行所　有限会社 海鳥社
〒810-0072
福岡市中央区長浜3丁目1－16
（電話）092-771-0132
（FAX）092-771-2546
デザイン　ファクトリー＋M
印刷製本　大村印刷株式会社

ISBN978-4-87415-763-3

定価はカバーに表示してあります。
落丁·乱丁の場合はお取り替えします。